metaprojeto
o design do design

Blucher

metaprojeto
o design do design

Dijon De Moraes

Prefácios Ezio Manzini e Flaviano Celaschi

Metaprojeto – o design do design
Copyright © 2010 by Dijon De Moraes
2ª reimpressão – 2014
Editora Edgard Blücher Ltda.

Blucher

Publisher Edgard Blücher

Editor Eduardo Blücher

Editor de desenvolvimento Eduardo Blücher

Preparação de originais Eugênia Pessotti

Revisão Vânia Cavalcanti

Projeto Gráfico LAB e Dijon De Moraes

Rua Pedroso Alvarenga, 1245, 4º andar
04531-012 – São Paulo – SP – Brasil
Tel 55 11 3078-5366
contato@blucher.com.br
www.blucher.com.br

Segundo Novo Acordo Ortográfico, conforme 5. ed.
do *Vocabulário Ortográfico da Língua Portuguesa*,
Academia Brasileira de Letras, março de 2009.

É proibida a reprodução total ou parcial por quaisquer
meios, sem autorização escrita da Editora.

Todos os direitos reservados pela Editora Edgard Blücher Ltda.

Impressão e acabamento: Yangraf Gráfica e Editora

FICHA CATALOGRÁFICA

De Moraes, Dijon
  Metaprojeto: o design do design / Dijon
De Moraes; prefácios Ezio Manzini e Flaviano
Celaschi. – São Paulo: Blucher, 2010.

  Bibliografia
  ISBN 978-85-212-0516-6

  1. Administração de projetos 2. Desenho
(Projetos) 3. Desenho industrial 4. Design
5. Design – Metodologia 6. Globalização
I. Manzini, Ezio. II. Celaschi, Flaviano. III. Título.

10-05706   CDD-745.2

Índices para catálogo sistemático:
1. Metaprojeto: Questões metaprojetuais para
design contemporâneo   745.2

a decomposição da complexidade

Para meus filhos, **Matteo** e **João Pedro**

Metaprojeto hoje:
guia para uma fase de transição

> "Expanda as capacidades das pessoas de viverem os tipos de vida
> que elas valorizam – e terá uma razão para valorizar."
>
> Amarthya Sen

Próxima economia

> "... outra onda de inovação social acontece nos anos 2000 com o poder
> da Internet e da mídia global sendo subordinados a causas como a pobreza
> mundial e o meio ambiente."
>
> (Geoff Mulgan et al, Inovação Social: o que é, qual sua importância e como ela
> pode ser acelerada, Young Foundation, Londres, 2008)

As oportunidades geradas pela crise mundial são relacionadas aos novos e amplos campos de atividades que surgirão nas próximas décadas, como: a reorientação ecológica dos sistemas de produção e consumo (o que aumenta drasticamente a eficiência ecológica); a produção social de serviços (para atender a novas demandas e aumentar a coesão social); os programas regionais de ecodesenvolvimento (para promover o uso sustentável de recursos físicos e sociais locais). Dadas essas oportunidades, conclui-se que dessa crise uma nova economia está surgindo, a qual chamarei de "a próxima economia", bem diferente daquela que havíamos tido até agora, a saber:

- A próxima economia não é baseada em bens de consumo. A crise mostra que o contínuo crescimento do consumo é insustentável ambiental e economicamente. A próxima economia reorienta essas atividades para algo bastante diferente. Seus "produtos" são entidades complexas, baseadas na interação entre pessoas, produtos e lugares. Por exemplo: sistemas de geração de forças distribuídos (para otimizar o uso de energias difusas e renováveis); novas cadeias de alimentos (para criar ligações diretas entre as cidades e o campo); sistemas de locomoção inteligentes (para promover o transporte público com soluções inovadoras); programas de desenvolvimento urbano e regional (para incrementar as economias locais e novas formas de comunidade); serviços colaborativos de prevenção e cuidados com a saúde (buscando envolver na solução os usuários diretamente interessados).

- A próxima economia não é orientada pelo produto. A melhor estratégia para superar a crise, o melhor caminho a seguir, é aumentar os sistemas e serviços. Por essa razão, dada a natureza dessa atividade, a próxima economia é (principalmente) orientada pelo serviço: uma economia baseada em redes sociais e tecnológicas, em que pessoas, produtos e lugares interagem para obter um valor de reconhecimento comum.

- A próxima economia não é limitada à economia de mercado. A crise mostra que a economia de mercado sozinha não pode resolver os problemas emergentes e responder a todas as demandas sociais. Por essa razão, a próxima economia investe em todas as esferas econômicas e envolve uma variedade de agentes sociais (companhias privadas, instituições públicas, autoridades locais, fundações, iniciativas sociais e associações sem fins lucrativos, organizações da sociedade civil, grupos de cidadãos atuantes). E, por essa mesma razão, um novo tipo de economia social emerge dos quatro domínios econômicos convergentes: o mercado, o estado, as verbas públicas e os negócios domésticos.

- A próxima economia depende principalmente da inovação social. Dada essa natureza, as inovações da próxima economia são principalmente criadas e realizadas pelos grupos de pessoas diretamente envolvidas no problema que elas têm de solucionar, e não tanto por especialistas ou políticos. Esses casos de inovação social já estão ao nosso redor e conduzirão as principais mudanças das próximas décadas. Por exemplo, é sabido que foram os usuários, mais do que os técnicos, que iniciaram muitas das inovações existentes na Internet e nos telefones celulares. Mas olhando atentamente a complexa sociedade contemporânea, nós podemos enxergar outros casos menos evidentes, mas igualmente significativos: serviços colaborativos sociais e residenciais, iniciativas de melhoria urbana, redes alimentícias locais e orgânicas, sistemas de distribuição de produção, casos de desenvolvimento local sustentável. Esses exemplos, que podem ser vistos como passos significativos para a sustentabilidade, são os resultados de múltiplas iniciativas tomadas por uma variedade de pessoas, associações, empresas e governos locais, os quais, de diferentes pontos de partida, chegaram a ideias de bem-estar e produção similares: um bem-estar ativo baseado no senso de comunidade e bem comum. Um sistema de produção acontece com uma rede colaborativa de pessoas e com novas relações entre o local e o global. Em sua diversidade, esses casos têm uma característica fundamental comum: todos eles são conduzidos por inovações sociais e todos se referem a novos modelos econômicos.

Design orientado pelo serviço

"O design tem se tornado amplamente conhecido como uma ferramenta estratégica de suporte ao desenvolvimento de melhores serviços para as comunidades e indivíduos, incluindo melhores sistemas de saúde e melhores cidades. O design pode ser um poderoso catalisador para a mudança sustentável. Mas como um maior número de 'players', tanto no setor público quanto privado, podem ser persuadidos a se engajarem com o design?" (Formatando a agenda global do design, Conferência Internacional. Introdução, Torino, 2008, Capital Mundial do Design.)

A "próxima economia", portanto, pede um "próximo design". Ao mesmo tempo, considerando que a próxima economia é um novo tipo de economia social, o próximo design é também um novo tipo de design: o design da inovação social e sustentabilidade. Tudo isso, de igual forma, nos faz concluir que também será necessário o surgimento de novas abordagens projetuais, novos modelos e novas metodologias que sustentem e direcionem o projeto nesse cenário mutante e complexo que se delineia. Nesse caso, o metaprojeto surge como uma possível referência projetual para os cenários complexos e como linha guia para uma fase em transição, na qual não mais o produto é colocado em evidência, mas o contexto em que esse produto opera ou que deve operar. O metaprojeto atua como uma plataforma de conhecimentos que considera as referências materiais e imateriais, tangíveis e intangíveis, objetivas e subjetivas e que promove redes e relações inéditas, bem como interfaces inovadoras para os produtos e serviços que comporão esse próximo design.

Para operar na economia social e promover a inovação social, o próximo design deve deixar claro (tanto dentro quanto fora da comunidade do design) que seu campo de competência é mais amplo do que aquele que tradicionalmente tem sido considerado. Em particular ele inclui serviços e redes colaborativas. De fato, para ser um agente de mudança social proativo, é preciso considerar os serviços e seus principais campos de ação. E, ao mesmo tempo, levando em consideração as mudanças sociais e tecnológicas vigentes, deve-se deixar claro que a noção de serviço deve ser estendida de modo a incluir as inéditas formas de organização que hoje estão surgindo, como as redes sociais e colaborativas. Mais, precisamente, para promover a inovação social, o pensamento e a prática do design devem fazer um movimento duplo como indicado:

- Reconceituar o design, movendo (principalmente) da cultura e prática do design orientado pelo produto, para o orientado pelo serviço. Ou seja, de uma forma de pensar e agir em que os produtos eram a figura central e os serviços considerados extensões e/ou adicionais, para uma abordagem do serviço pelo design na qual as interações entre pessoas, coisas e lugares ocupem o centro, e em que os produtos (físicos) sejam as "evidências" que testam o serviço existente.

- Reconceitualizar serviços, estendendo o conceito de serviço, ou melhor, de "serviços padronizados" para "serviços colaborativos", de serviços caracterizados pela relação entre usuários passivos e provedores ativos para "serviços colaborativos" em que, como acontece nas redes contemporâneas, todos os agentes envolvidos unam forças para atingir um valor de reconhecimento comum.

A dupla mudança do design para a inovação social, entendida como uma forma avançada de design de serviço, requer esforços tanto da comunidade interna quanto da externa ao design: a comunidade interna ao design, aquela tradicionalmente orientada pelo produto, deve ser transformada, e novos conceitos e ferramentas práticas devem ser desenvolvidos. Quanto à comunidade externa ao design, um novo conceito orientado pelo serviço precisa ainda ser promovido e consolidado.

Paralelo a tudo isso, outra mudança no modo como os designers consideram e se posicionam nos sistemas de produção e consumo, e nos processos de design, deve ser feita. De fato, nós temos observado que na sociedade contemporânea a inovação é amplamente uma inovação social, isto é, uma inovação conduzida pelos esforços de um número crescente de pessoas. Essas pessoas criativas estão gerando um tipo original de redes de design: grupos amplos e flexíveis de agentes sociais que criam e desenvolvem colaborativamente soluções sustentáveis. Isso significa que, para se tornar agentes de inovação social de forma positiva, os designers devem se considerar como parte dessas redes de design emergente e, consequentemente, comportar-se como tal, ou seja, colaborar com os outros codesigners parceiros, oferecendo suas competências específicas e alimentar essas redes de design com seus conhecimentos profissionais.

Conhecimentos do design

> "O conhecimento do design é um conhecimento que designers e não designers (indivíduos, comunidades, instituições, empresas) podem usar em seus processos de 'designing e codesigning'. Em termos práticos, é um conjunto de visões, propostas, ferramentas e reflexões: para estimular e direcionar discussões, para ser aplicado em uma variedade de projetos específicos, para ajudar a entender o que estamos fazendo e o que podemos fazer." (Agenda de pesquisa do design em sustentabilidade: mudando a mudança, Conferência Internacional de Pesquisa em Design, Torino, 2008.)

O Design deve alimentar as novas redes sociais com o conhecimento adquirido pelo design por meio de possíveis visões de futuro; propostas para suas implementações e por meio de ferramentas de design colaborativas para que sejam colocadas em prática.

Hoje, esse conhecimento do design é baseado em mais de 20 anos de experiências e resultados relacionados à sustentabilidade. Dessas bases, três pontos principais parecem já estar claros e são considerados pelo modelo metaprojetual, como bem nos demonstra o oportuno livro Metaprojeto: o design do design do colega brasileiro Dijon De Moraes, os quais são:

- Mudança sistemática. Mudar para a sustentabilidade (e agora nós podemos acrescentar obter vantagem na próxima economia) não é uma questão de fazer melhor o que nós já fazíamos. É uma questão de fazer coisas diferentes de modo completamente diverso. Novos sistemas sociotecnológicos devem ser realizados. E, consequentemente, plataformas e soluções possíveis devem ser concebidas e implementadas para dar suporte a eles.

- Visões de sustentabilidade. Reconhecer os problemas ambientais não é sinônimo de mais escolhas e comportamentos sustentáveis. São necessários novos cenários para mostrar novas alternativas possíveis, socialmente aceitáveis e mesmo atrativas aos vários aspectos das vidas das pessoas. Como por exemplo: a possibilidade de ter alimentos locais frescos e de boa qualidade, mobilidade confortável e eficiente sem uso de carros, o sentimento de segurança em espaços públicos, dentre outros.

- Qualidades sustentáveis. A redução no consumo de produtos tem de ser compensada com o aumento de outras qualidades: a qualidade do ambiente físico e social, com a redescoberta de um estilo de vida mais simples; a qualidade das capacidades das pessoas, com a redescoberta do know-how individual e comunitário; a qualidade do tempo, com a redescoberta da lentidão. Essas qualidades assumem diferentes significados em diferentes sociedades e lugares. No entanto, sua presença em situações tão distantes de nós nos faz pensar que elas podem constituir um primeiro conjunto de qualidades sustentáveis. Em outras palavras, a qualidade dos lugares, das comunidades, do tempo, de itens comuns, em geral, parece ser o material da construção de uma alternativa sustentável para as atuais formas de produção e consumo insustentáveis.

Redes de design

> "Os novos processos de design são complexas interações do design: novas redes de design em que indivíduos, empresas, organizações sem fins lucrativos, instituições locais e globais usam sua criatividade e empreendedorismo para obter alguns valores compartilhados." (DESIS, Background, 2009)

No molde da próxima economia, os designers devem estar capacitados a colaborar com uma variedade de interlocutores, colocando-se como além de especialistas em design, mas como agentes sociais dotados de conhecimento específico do design e de suas habilidades (o conhecimento que os permite entender a completa macrofigura de como as coisas mudaram e estão mudando e a microfigura das características do contexto local e da dinâmica vigente; as habilidades que são necessárias para promover e aumentar os processos de codesign nos novos contextos e enfrentar novos desafios).

No entanto, em um mundo em que o design é uma atividade cada vez mais difusa, ser designer (vale dizer: designer profissional) significa interagir com outros designers não profissionais em um modelo de parceria, usando o conhecimento específico do design e suas ferramentas para facilitar a convergência em direção às ideias compartilhadas e soluções potenciais (isto é, propor soluções e/ou cenários; fazer formulações efetivas baseando-se no que emerge de discussões em grupo; desenvolver as ideias que tenham sido convergidas entre parceiros).

Temos, portanto, nesse livro de Dijon De Moraes, mais um espaço de reflexão para esses questionamentos acima expostos, em que o autor parte da realidade de um cenário fluido, dinâmico e complexo, da atualidade para tecer a sua teoria sobre a necessidade de novas abordagens projetuais que, longe de fechar a questão sobre um novo método – com soluções precisas e respostas exatas – abre um rico debate ao oferecer uma plataforma de conhecimentos a ser considerada por designers, empresários e demais atores que hoje conformam a rede de inter-relações do design. Plataforma essa, na qual o resultado esperado certamente não apontará para uma única e precisa direção, mas, ao contrário, vai pressupor que surjam possibilidades e soluções distintas para produtos e serviços e que, ao mesmo tempo, possibilitará novos sentidos e significados para o design e para os usuários.

É nessa complexa teia de interações que as redes de design estão se constituindo. E é graças a elas que espera-se que passos concretos em direção a sustentabilidade sejam efetivamente tomados.

Ezio Manzini, Dr. , Politecnico di Milano / DESIS Network

A contribuição do designer ao design process[1]

"Pergunta: quais são os limites do design?
Resposta: quais são os limites dos problemas?"

Charles Eams

1. Projetar é uma ação artificial e complexa. A ação de projetar é tipicamente humana, mas o homem nem sempre a praticou; podemos, no máximo, dizer que, em determinados períodos da nossa história, o homem empregou a cultura projetual com maior energia e domínio. Isso ocorreu precisamente na modernidade e dentro desta, de modo especial, durante o seu percurso formativo dos últimos três séculos[2]. A complexidade do projeto foi progressivamente aumentando em função da crescente complexidade do cenário em que operava: limitação dos recursos naturais, crise financeira internacional, sustentabilidade, globalização dos mercados, saturação de atendimento das necessidades básicas de um quinto da humanidade e dificuldade de atendimento das necessidades de sobrevivência dos outros 4/5 restantes, formam hoje as principais fronteiras que obrigam o design contemporâneo a romper e adequar continuamente as suas práticas.

Sobre a complexidade do projeto no cenário atual, Dijon De Moraes fala difusamente neste livro. O autor nos demonstra, com precisão e atualidade, a gestão e o planejamento projetual nos quais se move o designer contemporâneo, ilustra fases e explica o processo de design segundo uma abordagem científica aplicada ao projeto, considerando os mais evoluídos modelos existentes dentro da comunidade acadêmica internacional (onde, aliás, o autor trafega com grande desenvoltura), nas empresas e nas organizações de sucesso.

A abordagem científica dos design methods existe aproximadamente há meio século[3] e não teria sentido, na prática evolutiva da nossa disciplina, falar de design como um ato unitário e homogêneo. Em uma época se falava em "projeto racional", de "síntese formal", de "ciência e projeto", hoje se fala de "pesquisa projetual", de "metaprojeto", de concept design, de engeneering design, de "análise de projeto", de design models, de design languages etc. "Adjetivar", definir, caracterizar, precisar, decompor e focalizar são ações indispensáveis para aprofundar, melhorar e também para construir novos instrumentos de trabalho em busca de formar os futuros designers.

---

[1] Agradeço a Eleonora Lupo, pesquisadora do Politecnico di Milano, incansável investigadora de fontes e referências, por haver me feito reencontrar o pensamento de Eams, designer mais conhecido por seus produtos que por suas palavras sobre design, por meio dessa autoentrevista, na qual o próprio autor formulava as perguntas e produzia as respostas.
[2] Projetar é uma ação que caracteriza a modernidade. É propriamente na era moderna que os resultados do domínio do homem sobre a terra se exprimem demonstrando a eficácia e a eficiência do agir projetual. Cfr. MALDONADO, Tomás. *A esperança projetual* [A esperança projetual]. Torino: Ed. Einaudi, 1970.
[3] Cf. SUSANI, G. (org.). *Scienza e progetto* [Ciência e projeto]. Padova: Ed. Marsilio, 1967; MAGNAGHI, A. *L'organizzazione del metaprogetto* [A organização do metaprojeto]. Milano: Ed. Franco Angeli, 1976; CRISTOPHER JONES, J.; THORNLEY, D.G. *La metodologia del progettare* [A metodologia do projeto]. Vicenza: Ed. Marsilio, 1967; ALEXANDER, C. *Note sulla sintesi della forma* [Notas sobra a síntese da forma]. Milano: Ed. Il Saggiatore, 1967; ASIMOV, M. *Principi di progettazione* [Princípios do projeto]. Vicenza: Ed. Marcilio, 1968; GREGORY, S.A. *Progettazione razionale* [Projeto racional]. Padova: Ed. Marsilio,1970.

2. Este livro, que tenho o prazer de apresentar, é um exemplo visível de actual point of view sobre o design contemporâneo, entendido como processo científico maduro e dinâmico. Por esse motivo, em vez de retocar e aperfeiçoar uma obra que considero muito interessante e contemporânea, completa e rica de referências bibliográficas, além de alinhada com a cultura internacional do design – por ser de interesse das universidades do mundo inteiro –, desejo então sofismar sobre a "conhecida racionalidade presente na ação projetual" e sobre a contribuição que algumas características naturais do homem apresentam para o redimensionamento da natureza artificial.

O design methods já há algumas décadas tem dedicado uma grande atenção à decomposição do percurso projetual, à definição das fases repetíveis, à individualização de instrumentos úteis ao pesquisador e ao designer, em busca de desenvolver uma abordagem profissional, aplicável e mensurável.

Uma atenção menor foi destinada, até então, à investigação sobre o sujeito que projeta, isto é, ao designer. O designer se posiciona como ator primário do projeto e as suas características constituem também parte fundamental do processo. No design process, as qualidades do designer não são nem marginais, nem homogêneas, e muito menos dadas como certas. Cada designer influencia no resultado, a tal ponto que substituir o designer significa seguramente obter um resultado diferente.

É bastante comum a existência de um mal-entendido dentro da cultura científica internacional que usa o design methods para descrever os processos projetuais típicos da engenharia dos sistemas complexos (do qual deriva indubitavelmente a abordagem racional do projeto). Nesses processos guiados pela engenharia, projetar é sinônimo de dimensionar soluções em respeito à quantidade de recursos disponíveis, à procura por soluções certas para problemas que podemos definir "técnicos" e que normalmente apresentam soluções consideradas como "corretas" ou, pelo menos, "racionalmente justas".

O design é uma outra coisa. Não existem soluções "corretas" e aqui vale destacar que a natureza única e subjetiva do designer é parte fundamental do resultado obtido, mas não somente isso: é parte fundamental também a escolha do caminho projetual, ou seja, do processo por meio do qual o resultado é alcançado.

Assim, o design é, ao mesmo tempo, um verbo e um substantivo, o verbo é o processo e o substantivo o resultado. Ambos são fundamentalmente caracterizados pelas qualidades e pelas decisões arbitrárias do designer. O designer e suas qualidades são, portanto, parte fundamental do design process. Então, como demos como certo que para o design o resultado será diverso se substituirmos o designer, podemos admitir também que o percurso guiado por um designer pode nos levar a diferentes trajetos. O design process é uma disciplina viva e não axiológica, e a demonstração do seu impetuoso crescimento e interesse dentro do sistema cultural e científico dos países de tradição latina[4], depende

---

[4] Em 2008, em Turim, por ocasião das manifestações ocorridas para festejar Turim como primeira capital mundial do design, um reconhecimento do ICSID à cidade, um grupo de pesquisadores de design provenientes de 15 universidades europeias e americanas fundaram a "Rede Latina de design process". Um comitê científico organizou em junho de 2009 em Porto Alegre, no Brasil, o I° Fórum de design process, justamente voltado para essa problemática e para a centralidade que o tema está assumindo também nos países de matrizes culturais latinas.

muito do reconhecimento do potencial criativo e das diversidades que se admitirão dentro dos vários processos existentes.

3. Eis, então, que uma série de qualidades dos designers é parte fundamental de qualquer pensamento e reflexão em torno da possibilidade de se acreditar que exista um método para o design. Eu penso, no entanto, que existam muitos métodos para se fazer design e, em qualquer um deles, o papel e as características do designer são sempre fundamentais.

Por exemplo, a fase que o autor desse livro define como metaprojeto é constantemente caracterizada no método de base do design em duas subfases: observação da realidade e a construção de modelos simplificados da realidade. Essas duas fases precedem a fase na qual se manipulam os modelos e procura-se prefigurar a modificação da realidade.

Nessas duas fases, o caráter e as qualidades do designer são fundamentais. A cultura do designer, por exemplo, é fundamental na fase de observação da realidade existente; quando o designer observa algo que acontece em torno de si, ele será capaz de reconhecer como fenômeno importante para o seu projeto somente o que ele possui como conhecimento; quanto mais conhecimento possuir um designer, mas vasta será a sua cultura geral e específica no que diz respeito aos fenômenos que o circundam e, assim, mais elementos serão captados pelo designer para se tornarem ingredientes das suas ações projetuais. Nas línguas latinas dizemos que existe uma diferença substancial entre "olhar" e "observar", olhar significa "pousar os olhos sobre algo" enquanto "observar" significa "reconhecer um fenômeno naquele algo".

Na fase de construção de modelos de síntese da realidade, ao contrário, é fundamental a capacidade do designer de conhecer e praticar, de modo integrado, muitas e diferentes linguagens de simplificação da realidade: a fotografia, o desenho, a matemática e a geometria, o texto narrativo etc. Quanto mais linguagem de síntese conheça e saiba usar, mais rico de estímulos e de referências "pessoais" será o modelo obtido sobre o qual o designer trabalhará. Podemos afirmar, portanto, que o modelo de realidade contenha um pouco do coração e da sensibilidade do designer que o interpretou e o construiu.

Em ambas essas fases aparece claro que o designer influencia não somente o resultado, mas também o percurso em que opera, observando e recontando uma realidade existente antes mesmo de intervir com um gesto pessoal por meio do design. Podemos então dizer que exista uma "criatividade no metaprojeto". Portanto, não se pode dizer que o metaprojeto é uma ação de engenharia processual de planejamento científico, exato e unívoco, e que o projeto seja o momento criativo único e sublime. Eu penso que cada fase do design é rica e densa de implicações criativas, o testemunho disso é a constante presença do designer que, com suas qualidades próprias, influencia de forma determinante cada fase do projeto.

4. Mas neste momento me interessa chamar a atenção para uma série de qualidades e de características que são típicas do comportamento humano e, logo, indubitavelmente, são destinadas a influir também sobre o designer e, assim, sobre o design como processo.

Falo dos erros humanos como variáveis não ponderáveis; falo da desobediência às regras e dogmas do projeto, falo da distração em respeito a uma hierarquia de valores já definidos, falo do acaso como geradora da forma, falo da aproximação como abordagem inicial (fuzzy), falo, sobretudo, da improvisação, condição reservada somente aos que "não são principiantes".

Nos processos de engenharia em que a influência do designer sobre o design não aparece de forma significativa, esses conceitos são como palavras vagas, mais ainda, direi que são "acidentes de percurso" ou comportamentos que proveem de uma inadequada profissionalização do projetista, problemas para prevenir ou atenuar de modo que não possam influir sobre o êxito do projeto.

No design, esses são processos que denotam a presença do sujeito no projeto. Entre todos os processos, o perfil do projetista possui uma característica muito interessante para o design methods: são traduzíveis em valores somente em função de uma decisão do designer em relação a um conjunto de condicionantes que poderemos definir como "a moral do designer". É o "sujeito projetante" que decide se o erro é bom ou ruim, se uma regra deve ser considerada ou descartada, se e quando as distrações são admissíveis, como e por que se contentar com uma forma de aproximação projetual em vez de adotar outra alternativa possível, quando planejar e quando improvisar.

Nenhum recurso computacional jamais será capaz de substituir o designer no ato projetual porque essas características que, no comportamento humano são oportunidades em potencial, em um instrumento artificial se tornam problemas em potencial do processo, os quais influenciarão a qualidade do resultado. Estamos ainda no início da compreensão desses fenômenos e as disciplinas da neurociência, por exemplo, estão nos fornecendo, em tempo real, novas camadas de conhecimentos indispensáveis para entender o valor de comportamentos até então tidos como irracionais e até patológicos.

Não está longe o momento no qual – estando disseminado o design methods e definido um alfabeto comum em nível internacional para os operadores científicos no âmbito do design – possamos nos dedicar, de modo sistemático, à compreensão e à adequada avaliação dos processos reproduzíveis pelo "sujeito projetante" e adestrar operadores e estudantes destinados a reconhecer, como valor e como identidade, a contribuição fundamental e única que cada projetista vai dar ao resultado e ao percurso que pretende adotar.

Por ora, chamaremos essa parte da nossa disciplina de criatividade nos processos e esperamos logo poder enumerar muitos apaixonados e conscientes sustentadores de que a subjetividade nos processos é matéria de inestimável potencial de evolução.

Flaviano Celaschi, Dr., Politecnico di Milano

Introdução

Em 2003 eu tinha concluído o meu percurso de doutorado em design no Politecnico di Milano, Itália, e colaborava como pesquisador para a Unità di Studio e Sviluppo Teorie e Culture di Ricerca in Disegno Industriale – USDI, no próprio instituto. Paralelamente às minhas atividades de pesquisa para a unidade USDI, colaborava também como professor convidado em módulos na graduação, em cursos do *lato sensu* e do *stricto sensu* em design no Politecnico.

A pesquisa de doutorado, desenvolvida por mim, foi estruturada no âmbito histórico–analítico–teórico e propunha investigar a relação local/global no design, enfocando os desafios e as oportunidades então surgidas. O tema abordado, durante o meu percurso formativo de doutoramento, pode ser sintetizado como a nova relação entre o design e a globalização. Naquele momento, com a pesquisa ainda em curso, elegi o Brasil como referência e estudo de caso local. Essa pesquisa resultou no livro *Análise do design brasileiro: entre mimese e mestiçagem*, que me exigiu seis anos de dedicação na preparação do manuscrito e foi publicado no ano de 2006, também pela Editora Blücher. Felizmente, o livro teve uma boa aceitação entre nossa comunidade de referência, sendo adotado em diversas universidades e agraciado com o primeiro lugar no 20º Prêmio Museu da Casa Brasileira, em São Paulo, em 2006.

Paralelo à questão principal que norteava minha pesquisa e tese, surgiram naturalmente novas reflexões de conteúdo e limites paralelos pelos quais também passei a me interessar, mesmo não sendo esses o objeto de estudo do meu trabalho, mas pelo fato de constituírem campo de interesse que, de forma indireta, constantemente o alimentava. Dentre esses conteúdos e limites, recordo a questão da complexidade, a gestão do conhecimento e da transversalidade no design; a sustentabilidade socioambiental; as novas abordagens da semiótica para o projeto; o design estratégico; o sistema produto; o design management; a passagem do mundo moderno para a segunda modernidade; o cenário fluido e dinâmico na era contemporânea; a relação entre ética e estética; a fenomenologia do design; a rede e a constelação de valor; a questão da identidade, da cultura, da valorização local e do território para o design; as novas questões mercadológicas surgidas; a relação entre a cultura produtiva, a cultura tecnológica e a cultura projetual, dentre outros.

Esse fervilhar de questionamentos e reflexões presentes no húmus politécnico me fez perceber que o design atuava em uma lógica ao todo diferente daquela em que minha geração havia se formado. As questões de base do design ainda eram as mesmas: o homem como referência e centro do projeto; o designer como possível mediador entre produção e consumo; a eterna dicotomia entre forma e função, a sequência evolutiva do desenvolvimento produtivo, dos materiais e da tecnologia, e seus impactos para o design etc. Mas outras, de cunho também estruturais, já não correspondiam à nova realidade de cenário fluido e dinâmico da atualidade; entre elas: as questões mercadológicas (hoje de difícil decodificação por parte das empresas); o crescimento dos valores subjetivos em detrimento dos objetivos, por parte do consumidor; a ascensão dos atributos tidos como secundários em relação aos primários; a inserção de referências intangíveis e imateriais como a identidade, os valores estésicos, o significado e a significância do produto que se tornaram hoje passíveis de codificação e também de projeto.

Tudo isso nos servia de reflexão sobre o real papel da metodologia convencional (métodos e modelos projetuais então em prática) e seus limites em corresponder a questões tão complexas e de difícil delimitação por parte do mercado e da cultura projetual. Porém, a crise da metodologia em prática se inicia não porque o método deixou de ter importância para o projeto no mundo contemporâneo, fluido e globalizado. A crise ocorre, ao contrário, pelo fato de que suas linhas guias se tornaram insuficientes para a gestão do projeto, dentro de um cenário de complexidade estabelecido, uma vez que os elementos de possível interligação utilizados durante o ato projetual na era moderna eram conectados de forma previsível e linear, quase sequenciais, tendo sempre como referência os fatores técnicos e objetivos inerentes ao projeto. Novas ferramentas criativas se fizeram, portanto, necessárias para cobrir essas lacunas que os modelos metodológicos, até então utilizados, não eram mais capazes, sozinhos, de atender.

Estava claro, portanto, que as mudanças, então ocorridas no mundo, se refletiam, de forma acentuada, em diversos âmbitos do conhecimento, entre esses nas ciências sociais aplicadas em que o estudo do design atualmente se destaca.

O design pela sua capacidade multidisciplinar e transversal, fornece rápidas respostas por meio de produtos, imagens e novas possibilidades de interação. Esse fato fez do design um importante protagonista dentre as demais disciplinas projetuais contemporâneas. Mas como perceber e decodificar as mensagens recebidas em um cenário complexo e dinâmico? Como discernir os conteúdos sólidos dos frágeis em um ambiente repleto de excessos de informações? Como dosar os valores intangíveis e imateriais, como a estima e a emoção, sem comprometer a fruição e o valor de uso? Como considerar os fatores subjetivos e os atributos secundários sem perder a ênfase nos fatores objetivos e nos atributos primários? Essas são questões para as quais, seguramente, não encontramos respostas na metodologia convencional, e muito menos na elaboração de briefings, como conhecemos.

Certamente, não encontraremos também respostas para as questões de cunho psicológico, semântico e funcional somente utilizando a metodologia convencional, pois sabemos que não existe um suporte metodológico infalível quando se abordam aspectos imateriais e valores intangíveis (construção de sentidos), principalmente em cenários complexos como na época contemporânea. Por outro lado, na atualidade, estão surgindo novas tentativas de aproximação para os problemas do método e de modelos projetuais e, dentre eles, seguramente, destaca-se o metaprojeto. O modelo metaprojetual se consolida por meio da formatação e prospecção teórica que precede a fase projetual, ao elaborar uma ou mais possibilidades projetuais por meio de novas propostas conceituais. O metaprojeto, por seu caráter abrangente e holístico, explora todas as potencialidades do design, mas não produz output como modelo projetual único e soluções técnicas preestabelecidas, mas se apresenta como um articulado e complexo sistema de conhecimentos prévios, que serve de guia durante o processo projetual. O metaprojeto nasce, portanto, da necessidade de existência de uma "plataforma de conhecimentos" que sustente e oriente a atividade projetual em um cenário fluido e dinâmico que se prefigura em constante mutação.

Tive o privilégio de ver de perto o início (ou retomada) das questões metaprojetuais no âmbito da cultura do projeto, por intermédio de diversos estudiosos, no Politecnico di Milano. Reflexões foram inseridas e várias questões debatidas por grandes protagonistas do design, pelos quais nutro grande estima e apreço. Tive o prazer de usufruir da convivência com muito deles, durante a minha estadia de seis anos em Milão, oportunidade em que acompanhava atentamente a evolução estrutural dessa disciplina que tanto me instiga, justamente por ainda não ter seus contornos definidos como tal. Lembro de colaborações, nesse sentido, apresentadas por artigos, e de experiências acadêmicas realizadas, dentre outros, por Alberto Seassaro[1] – diretor da Faculdade do Design do Politecnico di Milano, que diz se orgulhar do fato de essa ser a única escola de design, em nível internacional, a manter o metaprojeto como disciplina formativa dentro de um programa de graduação –; Andrea Branzi[2], que foi meu orientador de tese; Ezio Manzini[3], meu coorientador; Francesco Mauri[4], estudioso de sistema-produto; Flaviano Celaschi[5], que se interessa por design, inovação e mercado; Alessandro Deserti[6], estudioso de métodos e processos para o design; Francesco Morace[7], pesquisador e consultor de projetos e produtos voltados para o futuro; e Gino Finizio[8] estudioso das questões mercadológicas.

Muito importantes foram também as colaborações de Francesco Zurlo[9]; estudioso dedicado ao design estratégico; Silvia Pizzocaro[10], exímia estudiosa e pesquisadora sobre o fenômeno da complexidade no design; Marisa Bertoldini[11], pesquisadora sênior; Paola Bertola[12], colega de doutorado; e Alessandro Biamonti[13], também colega de doutorado.

Na parte que se refere aos requisitos ambientais aplicados ao metaprojeto, nossas referências partem dos estudos de Ezio Manzini e Carlo Vezzoli autores de O Desenvolvimento do produto sustentável, livro do qual tive a satisfação de fazer a

---

[1] Seassaro é autor do livro *Didática & design*.
[2] Autor de *Modernità debole e diffusa*: il mondo del progetto all'inizio del XXI secolo [Modernidade frágil e difusa: o mundo do projeto no início do século XXI].
[3] Autor do premiado livro *Artefatti*: verso una nuova ecologia dell'ambiente artificiale [Artefatos: rumo a uma nova ecologia do ambiente artificial].
[4] Autor de *Projetar projetando estratégias*.
[5] Autor de *Design e Innovazione*: strumenti e pratiche per la ricerca applicata [Design e Inovação: instrumentos e prática para a pesquisa aplicada],
[6] Autor, dentre outros, do livro *Il sistema progetto*: contributi per una prassi del design [O sistema projeto: contribuições para uma práxis em design].
[7] Autor de *Metatendenze* [Metatendências].
[8] Autor do livro *Design e management*: gestire l'idea [Design e gerenciamento: gerir a ideia].
[9] Autor, entre outros, do livro *Sistema Design Itália*.
[10] Autora de diversos artigos em congressos internacionais.
[11] Responsável pela organização dos livros *La cultura politecnica I e II* [A cultura politécnica I e II].
[12] Autora, junto com Manzini, do oportuno livro *Design Multiverso: appunti di fenomenologia del design* [*Design Multiverso*: apontamentos sobre fenomenologia do design].
[13] Autor do livro *Learning environments*: nuovi scenari per il progetto degli spazi della formazione [Ambientes de aprendizagem: novos cenários para o projeto do espaço da formação].

revisão técnica na edição publicada em português, e do colega Luigi Bistagnino professor do Politecnico di Torino, autor, entre outros, do livro Design con un futuro [Design com um futuro]. Além de vários outros pesquisadores e estudiosos que trouxeram suas incontestes colaborações ao aprofundamento das questões metaprojetuais para o design contemporâneo.

Após o meu retorno ao Brasil, em 2004, continuei, individualmente, minhas pesquisas sobre o metaprojeto por meio da realização de minicursos em congressos de design, ministrando módulos em cursos de especialização em diversas universidades do País, e ministrando a disciplina metaprojeto para o programa de mestrado e doutorado em engenharia de materiais da Rede Temática de Materiais – Redemat (consórcio entre Ufop/Cetec/UEMG), e mais recentemente para o programa de mestrado em design da Universidade do Estado de Minas Gerais – UEMG. Tudo isso me permitiu concentrar experiências e acumular mais de 60 trabalhos em que o metaprojeto foi aplicado em diferentes produtos e serviços, com ênfases e complexidades distintas.

Dando prosseguimento às minhas pesquisas, publiquei dois artigos científicos sobre metaprojeto no Brasil e no exterior. No Brasil, o primeiro artigo intitula-se justamente "Metaprojeto o design do design" e foi apresentado no 7º Congresso Brasileiro de Pesquisa e Desenvolvimento em Design – P&D, realizado em Curitiba em 2006, e o segundo, intitulado "Metaprojeto como modelo projetual", foi apresentado no Iº Fórum da Rede Latina de Design, realizado na Escola de Design da Unisinos, em Porto Alegre, em 2009. No exterior, em coautoria com diversos colegas de diferentes países, apresentei artigo no Congresso Internacional Changing the Change: Design Visions, Proposal and Tools, realizado na cidade de Turim, Itália, em 2008. Esse artigo de produção conjunta (entre outros, com Flaviano Celaschi e Alessandro Deserti) tem o título "Design Culture: from product to process"; dele participei, com minha contribuição, abordando o tema metaprojeto. Todos esses artigos foram publicados nos anais dos referidos eventos.

Em cada viagem que fazia ao exterior, encontrava os colegas para colher informações de suas experiências acadêmicas sobre o metaprojeto e, de igual forma, procurava livros abordando o tema, os quais, infelizmente, ainda não existiam. Somente encontrava informações a respeito do metaprojeto em conversas que mantínhamos sobre nossas experiências aplicadas nas nossas universidades de origem, ou mesmo em forma de artigos e capítulos isolados dentro de livros sobre inovação, semiótica e mercadologia.

Em 2008, fui convidado a compor uma série de bancas de doutorado no Politecnico di Milano, oportunidade em que conheci outra protagonista que há muito se interessava pelo argumento metaprojeto, Raffaela Trocchianesi, coautora do livro: La semiotica e il progetto: design, comunicazione, marketing [A semiótica e o projeto – design, comunicação, marketing]. Na ocasião, debatemos e trocamos nossos textos sobre o argumento. Mais recentemente, em 2009, reencontrei com Alessandro Deserti em Porto Alegre, quando participamos do Iº Fórum da Rede Latina de Design, realizado na Escola de Design da Unisinos. Alessandro é professor da Faculdade do Design do Politecnico di Milano, onde leciona a disciplina métodos e processos para o design. Eu já conhecia os estudos de Deserti[14] sobre metaprojeto e também, nessa oportunidade, trocamos impressões e textos. Fiquei sabendo, pelo próprio Alessandro Deserti, que seu pensamento sobre metaprojeto já havia evoluído bastante, após a publicação do seu livro sobre o tema em 2002, o que penso ser bem natural, em virtude do dinamismo do cenário atual em que o metaprojeto se sustenta e se posiciona. Por meio desses diversos encontros, pude também perceber que já existe, de fato, uma comunidade internacional que se interessa pelo estudo do metaprojeto como parte do fenômeno de complexidade existente dentro da cultura do projeto. Melhor ainda foi perceber que essa comunidade se mantém aberta, curiosa e, principalmente, colaborativa, o que é fundamental para a consolidação de uma disciplina ainda em formação.

Segundo Tomás Maldonado[15], para se conhecer um autor deve-se conhecer primeiro a sua dinastia, isto é, os demais autores que ele estuda e cita. No meu caso particular, esses autores acima citados são a minha dinastia de referência para as questões do metaprojeto, e, para minha satisfação, muitos deles são também próximos e caros amigos.

Concluindo, devo dizer que a intenção deste livro – que também poderia se chamar Metadesign: o projeto do projeto – não é o de fornecer resposta às complexas questões de métodos e de modelos projetuais para o design contemporâneo, mas, ao contrário, posicionar-se, por intermédio do metaprojeto, como ponto de partida e de reflexão para os novos desafios do projeto no cenário fluido e dinâmico da atualidade. Diria mesmo que este texto (que também exigiu seis anos de trabalho e de pesquisa) se apresenta como uma introdução ao metaprojeto a todos aqueles – designers, professores, pesquisadores e empresários – que atentam para as questões do design, do processo e de modelos projetuais nesta nova era de segunda modernidade e de novo século apenas iniciado.

Boa leitura,

Dijon De Moraes

---

[14] Ele é autor, talvez, de um dos únicos livros existentes com textos exclusivamente abordando o tema que é: *Metaprogetto: riflessioni teoriche ed esperienze didattiche* [Metaprojeto – reflexões teóricas e experiências didáticas].
[15] Autor, entre outros, de *Disegno industriale un riesame* [Desenho industrial um reexame], *Il futuro della modernità* [O futuro da modernidade] e de *Cultura, democrazia, ambiente* [Cultura, democracia, ambiente].

conteúdo

01 capítulo 1
design e complexidade

mudando o cenário mudando o design	03
o design em cenário complexo fluido e dinâmico	06
o design e a gestão da complexidade	11

15 capítulo 2
repensando o papel da metodologia

23 capítulo 3
metaprojeto

conceito	25
etimologia do termo	29
objetivos do metaprojeto	31
tópicos básicos do metaprojeto	32

35 capítulo 4
metaprojeto: análise por tópicos

fatores mercadológicos	37
cenário / visão / concept	40
identidade	45
missão	46
posicionamento estratégico	47
sistema produto/design	51
design e sustentabilidade socioambiental	56
premissas básicas, coordenadas e linhas guias consideradas pelo metaprojeto	65
influências socioculturais	70
ética e estética na produção industrial	73
tecnologia produtiva e materiais empregados	82
fatores tipológicos, formais e ergonômicos	88
tipologia de uso e aspectos ergonômicos	95
constelação de valor	99

105 capítulo 5
aplicação prática do metaprojeto

minicurso	107
programa lato sensu – nível especialização	115
programa stricto sensu – nível mestrado	123
em apl moveleiro	169

217 conclusão

221 fonte de figuras, fotos e imagens

224 referências bibliográficas

design e complexidade

capítulo 1

Mudando o cenário mudando o design

Para um melhor entendimento sobre o fenômeno de complexidade e sua influência para o âmbito de conhecimento do design, é preciso primeiro entender a realidade do cenário (ou dos cenários) que hoje se posiciona como vetor mutante dentro do modelo de globalização estabelecido. O cenário vem entendido como o local em que ocorrem os fatos, o pano de fundo que ilustra uma ação teatral, o espaço para a representação de uma história constituída de vários elementos e atores, no seu desempenho narrativo. O cenário também se determina como o panorama e paisagem em que se vive (cenário existente) ou se viverá (cenário futuro), é ele que determina as diretrizes para as novas realidades vindouras e alternativas da nossa cena cotidiana (produtiva e mercadológica) definindo assim os papéis das pessoas como agentes e atores sociais (FINIZIO, 2002; MANZINI e JÉGOU, 2004).

Partimos do pressuposto que, em um passado remoto, antes da globalização de fato (consideramos aqui grande parte do período moderno que antecedeu a globalização até a década de 1990), época reconhecida por diversos autores como a da "primeira modernidade" (Beck, 1999; BAUMAN, 2002; BRANZI, 2006), tudo que se produzia vinha facilmente comercializado, uma vez que a demanda era, na realidade, superior à oferta, e o mercado ainda delimitado como de cunho e abrangência regional. Essa época foi definida por vários estudiosos (LEVITT, 1990; MAURI, 1996; FINIZIO, 2002) como a do cenário estático, o mesmo existente em um mundo sólido, estabelecido por mensagens de fácil entendimento e decodificações previsíveis que vinham facilmente interpretadas e traduzidas por designers e produtores amparados no comportamento linear e conformista dos consumidores de então.

Na verdade, é preciso entender que o cenário previsível e estático anteriormente existente, dentro da lógica do progresso estabelecida, refletia, em consequência, os ideais do projeto moderno com suas fórmulas preestabelecidas que determinavam um melhor ordenamento da organização social e que, em decorrência, almejavam o alcance da felicidade para todas as pessoas. Esse projeto, com seus conceitos bem coerentes e estruturados, norteou a evolução industrial e tecnológica bem como parte da ética e da estética de grande parcela do pensamento do século XX.

> Seguindo a opinião de Jeremy Bentham, Michel Foucault assinalava que o fluxo do controle de cima para baixo e o fato de tornar a ação de supervisionar uma atividade profissional de alta competência eram traços que uniam uma série de invenções modernas, como as escolas, as casernas militares, os hospitais, as clínicas psiquiátricas, os hospícios, os parques industriais e os presídios. Todas essas instituições eram fábricas de ordens; e como todas as fábricas eram locais de atividades deliberadamente estruturadas em busca de se obter resultados previamente estabelecidos: nesse caso se tratava de restaurar a certeza, eliminar a casualidade, tornar o comportamento dos próprios membros regulares e previsíveis, ou melhor, torná-los "certos".

> Essa nova ordem, observa cuidadosamente Bentham, exigia de igual forma "vigilância, separação, solidão, trabalho forçado ou instruções", uma série de elementos suficientes para "punir os rebeldes, vigiar os loucos, reformar os depravados, confinar os suspeitos, fazer produzir os ociosos, ajudar os mais fracos, curar os doentes, forjar a vontade em cada campo de interesse ou formar as próximas gerações no longo itinerário da educação" [...] Dessa forma, os homens eram destinados a serem felizes, o quanto parece, a fonte mais profunda da infelicidade seria a incerteza; eliminar, portanto, a incerteza da existência humana, colocar em seu lugar somente a certeza, que por sinal é um pouco triste e doloroso, assim nós humanos já estaríamos quase à metade do feliz mundo da ordem reconstituída. (BAUMAN, 1999, p. 102)

Previa-se que a humanidade, uma vez inserida nesse projeto linear e racional, seria guiada com segurança rumo à felicidade. É interessante notar que o conceito de segurança previsto no modelo moderno referia-se, de forma acentuada, à estabilidade no emprego somado ao conceito de um núcleo familiar consistente. Tudo indicava que esse teorema, uma vez resolvido, teria na garantia do emprego, somado à coesão familiar, a chave de sucesso do projeto moderno. Mas também merece a nossa atenção o fato de que, por detrás desse aparente simples projeto, existia o incentivo ao consumo dos bens materiais disponibilizados pela crescente indústria moderna por meio do seu avanço tecnológico e da sua expansão produtiva pelo mundo ocidental. Essa estratégia instituída pelo modelo capitalista industrial, somada à estabilidade do emprego e à solidez do núcleo familiar traria, por consequência, a felicidade coletiva almejada. Tudo isso, no decorrer dos tempos, mostrou-se, na realidade, bastante frágil, pois dentre outros motivos, a mesma sociedade que alcançou o emprego proporcionado pelo progresso da indústria, sentia-se, ao mesmo tempo, prisioneira nos seus locais de trabalho cada vez mais controlados pelo "cartão de ponto", "folha de presença" e rígida "hierarquia funcional".

Mas, o projeto modernista aqui exposto, de previsível controle sobre o destino da humanidade, em busca de uma vida melhor, parece mesmo ter-se deteriorado. O sonho de um mundo "moderno", seguindo uma lógica clara e objetiva preestabelecida, onde todas as pessoas (ou, pelo menos, grande parte delas) teriam acesso a uma vida mais digna e feliz, demonstra-se na atualidade fragmentada. É oportuno perceber que, nos dias atuais, devido à rápida automação industrial, "a garantia no emprego e a carteira assinada" tornaram-se cada vez mais escassos, reduzindo, por consequência, o número de operários nos parques produtivos. Por outro lado, a realidade da educação à distância começa rapidamente a se disseminar como um modelo de ensino possível. O serviço militar, como referência de ordem, deixa de ser obrigatório em diversos países ocidentais; os portadores de distúrbios mentais são agora tratados em suas próprias casas e os prisioneiros ganham liberdade condicional. Por fim, o conceito de família, contrariando os dogmas católicos, estende-se hoje aos casais homossexuais.

Essa nova realidade, portanto, colocou em cheque a lógica objetiva e linear moderna, deixando órfãos milhares de cidadãos que foram educados e preparados para viver em outro cenário, diferente deste pós-moderno e pós-industrial que se prefigura. Para Andrea Branzi, por exemplo,

> [...] o mundo material que nos circunda é muito diferente daquele que o Movimento moderno tinha imaginado; no lugar da ordem industrial e racional, as metrópoles atuais apresentam um cenário altamente diversificado, em que lógicas produtivas e sistemas linguísticos opostos convivem sem maiores contradições. (BRANZI, 2006, p.106)

São mesmo essas lógicas produtivas e sistemas linguísticos opostos, apontados por Branzi, que ajudam a configurar esta realidade de cenário complexo.

Nessa mesma linha de raciocínio, Bauman discorre ironicamente ao dizer que "se a chatice e a monotonia invadem os dias daqueles que perseguem a segurança, a insônia e o pesadelo infestam a noite daqueles que perseguem a liberdade" (BAUMAN, 1999, p.10). Pois, hoje, o cidadão deve escolher entre ser moderno ou pós-moderno, isto é, na primeira opção tinha-se a garantia do trabalho, mas não a liberdade; na segunda adquiriu-se a liberdade, mas ganhou-se também a insônia, pois a garantia de emprego se esvaiu. Essa curiosa realidade nos coloca, hoje, na condição de grande fragilidade, pois vários outros estudiosos apontam para a tendência de consolidação da segunda opção apontada por Bauman, prevendo para a humanidade um novo cenário em que, dentre outros, o trabalho deverá ser reinventado e que outros modelos deverão ser estabelecidos. Os profissionais que prestam serviço como *freelances*, o trabalho *part time*, o estímulo ao autoempreendedorismo, a consultoria temporária e o trabalho autônomo realizado via Internet podem ser fortes sinais destes novos tempos.

Embora sendo, na verdade, uma fotografia da realidade, nos tempos atuais, com o forte dinamismo, demandas distintas, necessidades e expectativas diversas, tornou-se um grande desafio a decodificação a priori do cenário quer seja em nível micro, quanto em nível macroambiente. De acordo com Mauri,

> [...] o sonho de um desenvolvimento contínuo e linear se fragmentou diante de emergências que não foram previstas, e que se demonstraram imprescindíveis como: a degradação de um ambiente cada vez mais saturado de mercadorias e detritos; o risco de exaurimento dos recursos do planeta; a redução da necessidade da mão de obra humana e o alargamento da distância entre riqueza e pobreza. Tudo isso aconteceu, até mesmo nos países mais ricos e desenvolvidos do planeta. (MAURI, 1996, p. XI)

A comunicação, uma vez que se tornou global graças às novas tecnologias informatizadas, como a Internet, abreviou o tempo de vida das ideias e das mensagens. O tempo de metabolização das informações também foi drasticamente reduzido, contribuindo, em muito, para a instituição de um cenário denominado por Bauman como "dinâmico", e por Branzi como "fluido".

> A essa débâcle ético-política pode ser anexada a crise da esperança na modernidade racionalista europeia, falida diante da complexidade incontrolável das suas próprias criações: um progresso constituído de um crescimento industrial e social, ao todo, diferente (se não oposto) àquele universo de ordem e de lógica sobre o qual essa sociedade havia fundado a sua profecia purista. (BRANZI, 2006, p.13)

Dentre os estudiosos que se interessam pelo argumento da complexidade e sua influência para o design, Ezio Manzini nos demonstra sua tentativa de aproximação com os cenários complexos da seguinte maneira:

> [...] no mundo sólido do passado, existiam "containers disciplinares seguros", nos quais qualquer um poderia se posicionar sentindo-se bem definido com sua própria identidade profissional (e, em consequência, no sentido amplo, também na esfera pessoal). Agora não é mais assim: no "mundo fluido contemporâneo" os containers foram abertos e as suas paredes não são mais protegidas, as definições profissionais e disciplinares se dissolvem e qualquer um deve cotidianamente redefinir a si mesmo e à sua própria bagagem de capacidade e competência [...] é nesse contexto que colocaremos as nossas observações sobre o tema que aqui mais nos interessa: o que realmente é um produto, o que significa projetar e, por fim, o que farão os designers em um mundo fluidificado. (MANZINI, 2004, p.10-17)

Diferentemente da solidez moderna, em que o próprio cenário nos dava uma resposta ou, pelo menos, fortes indícios de qual caminho seguir, na atualidade, a estrada deve ser sempre projetada e a rota, muitas vezes, redefinida durante o percurso. Tudo isso exige dos designers e produtores uma maior capacidade de gestão e maior habilidade na manipulação das informações e mensagens obtidas. Não tenhamos dúvida que hoje, apesar dos avanços tecno-produtivos alcançados, ficou mais difícil a prática do design e, parafraseando a metáfora ao compararmos com a situação política mundial atual, poderíamos dizer que o "inimigo não é mais visível".

O design em cenário complexo fluido e dinâmico

Hoje, com o cenário cada vez mais complexo (fluido e dinâmico), é necessário (como nunca) estimular e alimentar constantemente o mercado por meio da inovação e diferenciação pelo design, e pela inovação. "Nesse quadro, a busca por formação de profissionais corresponde ao crescimento exponencial das universidades e das escolas de design, empenhadas não somente na formação de projetistas tradicionais, mas de experts em estratégia de inovação." (BRANZI, 2006, p. 30) Isso se deve à drástica mudança de cenário que, de estático, passou a ser imprevisível e repleto de códigos, isto é, tornou-se dinâmico, complexo e de difícil compreensão. Soma-se a tudo isso a ruptura da dinâmica da escala hierárquica das necessidades humanas (apontadas pela pirâmide de Maslow) e a visível mutação no processo de absorção e valorização dos valores subjetivos, tidos até então como atributos secundários para a concepção dos produtos industriais, como as questões das relações afetivas, psicológicas e emocionais. Hoje, se faz necessário que o processo de inserção desses valores em escala produtiva dos produtos industriais seja, portanto, "projetável" aumentando, por consequência, o significado do produto (conceito) e a sua significância (valor).

De acordo com Flaviano Celaschi,

> [...] o designer tornou-se um operador chave no mundo da produção e do consumo, cujo saber empregado é tipicamente multidisciplinar pelo seu modo de raciocinar sobre o próprio produto. Por estar ao centro da relação entre consumo e produção, pela necessidade de entender as preferências e as dinâmicas da rede de valor e, sobretudo, pelo fato de que as suas ações devem conseguir modificar ou criar novos valores aos produtos por meio de suas intervenções projetuais. Os designers de igual forma tendem a promover a síntese e os conceitos teóricos, bem como transferi-los como resposta formal de satisfação, desejo ou necessidade. (CELASCHI, 2000, p. 3)

O nivelamento da capacidade produtiva entre os países, somado à livre circulação das matérias-primas no mercado global e à fácil disseminação tecnológica, reafirmou o estabelecimento desta nova e complexa realidade contemporânea, promovendo, em consequência, uma produção industrial de bens de consumo massificados, compostos de estéticas híbridas e de conteúdos frágeis, o que contribuiu, em muito, para a instituição de um cenário reconhecido como **cenário dinâmico** em um mundo já em acentuadas características fluidas.[1] Esta nova realidade culminou também por colocar em cheque o conceito de "estilo" e de "estética", nos moldes até então empregados; para tanto, essas áreas do conhecimento passaram a ter mais afinidade com disciplinas de abrangência do âmbito comportamental, em detrimento daquelas que consideravam o estudo da coerência, da composição e do equilíbrio formal que predominaram no ensinamento estético da primeira modernidade.

> A moda e o fashion devem, hoje, ser vistos como um novo tipo de qualidade urbana, os tecidos e as cores fazem parte das estruturas ambientais, as confecções fazem parte das tecnologias metropolitanas. Hoje, é isso que faz a diferença entre uma cidade e outra, entre uma rua e outra, entre um território e outro [...] é a qualidade das pessoas, dos seus gestos, dos seus acessórios, das suas fisionomias (sempre *no-global*), que fazem uma evidente diferença entre Nova Deli e Milão, entre Paris e Nápoles. (BRANZI, 2006, p. 28-29)

A estética, nesse contexto, passa a ser mais diretamente atrelada à ética, aqui entendida no sentido de comportamento coletivo social, e quanto à questão industrialização, meio ambiente e consumo, ressalta-se a importância e o papel que passou a ter o consumidor para o sucesso da sustentabilidade ambiental do planeta. Muitos chegam mesmo a apregoar a necessidade do surgimento de uma nova estética que deveria ser absorvida pelos consumidores na atualidade. Essa nova estética teria como base, por exemplo, a composição de diferentes plásticos reaproveitados e o colorido pontilhado dos papéis de embalagem em objetos reciclados até o monocromatismo de produtos confeccionados em material único e renovável.

Nesse novo modelo estético, que vai ao encontro da sustentabilidade ambiental, isto é, de uma ética em favor do meio ambiente, teriam lugar também as imperfeições de produtos

---

[1] Ver: BAUMAN, Zygmunt. *Modernità liquida.* Roma/Bari: Editori Laterza & Figli, 2002.

feitos de novos e diferentes tipos de matérias-primas, produzidos com tecnologia de baixo impacto ambiental ou mesmo em processo semiartesanal. Ao aceitarmos de forma proativa os produtos desenvolvidos dentro desse modelo e, por consequência, a sua nova ordem plástica, nós consumidores acabaríamos por legitimar uma nova estética possível em nome de um planeta sustentável, além de fazer a nossa parte ética na trilogia produção, ambiente e consumo. Mas esses conceitos como se sabe, não compunham os valores exatos e objetivos das disciplinas que construíram a solidez moderna, mesmo porque o processo de modernização é anterior ao debate das questões ambientais presentes hoje no mundo, ou melhor, a industrialização e a produção em massa são promotores dessa realidade ambiental tão debatida como problema contemporâneo e desafio para gerações futuras.

Nesse sentido, algumas disciplinas da área do conhecimento humano, que se sustentavam em interpretações sólidas advindas do cenário estático existente (com dados previsíveis e exatos), entraram em conflito com a realidade do cenário mutante atual, que se apresenta permeado de mensagens híbridas e códigos passíveis de interpretações. Entre essas áreas do conhecimento, destacam-se o marketing, a arquitetura, o design e a comunicação.[2] Para Bucci, não se trata de reivindicar o antigo papel generalista do marketing, mas do produto como "oferta global"; o guia para uma reflexão sobre o projeto:

> [...] para projetar a oferta global, é necessário projetar, conduzir e reger (no próprio sentido de regência encontrado dentro do termo "regente de orquestra"), isto é, relacionar todos os aspectos materiais e imateriais, o serviço, a distribuição e a logística, a imagem e a comunicação com o mercado (Bucci, .1992, p. 56).

O problema com que o marketing hoje se defronta não consiste mais na recolha de dados estatísticos, mas na sua capacidade interpretativa em que o consumidor pesquisado demonstra uma grande variedade de demandas e desejos distintos, oriunda da quantidade de informações efêmeras e recicladas que recebe cotidianamente e que vem aumentando a complexidade dentro do referido fenômeno mercado, produto e consumo. Para Zurlo: "Pela maneira fluida com que algumas situações mudam, podemos entender que cada decisão não é simplesmente o resultado de um cálculo, mas de uma interpretação, na qual existe sempre uma situação de risco" (ZURLO,2004, p. 79). Os dados hoje obtidos em pesquisas de mercado e demandas de consumos são cada vez mais passíveis de interpretações, mas quais ferramentas vêm postas à disposição de designers e empreendedores para a necessária interpretação além da falível intuição?

Com a realidade do "cenário dinâmico", tantas realidades distintas passam a conviver de forma simultânea e onde cada indivíduo dentro da sua potencialidade e competência (aqui no sentido que lhe compete) como comprador, usuário e consumidor traz intrínseco ao seu mundo pessoal, suas experiências de afeto, de concessão, de motivação que ao mesmo tempo, e por consequência, tende a conectar-se com a multiplicidade dos valores

---

[2] De acordo com BERGONZI, "inclinar-se hoje às direções indicadas pelo consumidor é uma lógica do veterano marketing que guia, às vezes, à involução do produto. Saber colher pontos preciosos nas suas palavras é uma outra coisa". BERGONZI, Francesco. *Il design e il destino del mondo: il prodotto filosofale.* Milano: Ed. Dunod, 2002. p. 219.

e dos significados da cultura à qual pertence, isto é, do seu meio social.[3] Essa realidade faz, hoje, do consumidor uma incógnita e, por isso mesmo, exige das pesquisas mercadológicas uma maior capacidade de interpretação em detrimento dos simples aspectos técnicos de obtenção de dados estatísticos. Hoje, tornou-se muito mais difícil concentrar grupos de consumidores em nichos de mercado precisos, pois a busca pela excelência não é mais exclusividade de um nicho de consumidor específico, mas da própria empresa dentro da faixa que lhe compete. Esse fato tem exigido do marketing uma capacidade de construir relações, costuras inéditas, propiciar associações e promover novas interações possíveis, o que podemos apontar para o surgimento de uma verdadeira plataforma de inter-relações no mercado atual.

Ainda segundo Mauri,

> [...] o marketing, a cultura empresarial, a indústria e o design ficam mobilizados na discussão, na busca por chaves interpretativas e nas proposições de modalidades resolutivas, para confrontar com as problemáticas de mercados que se demonstram complexos, como a globalização, a saturação e a velocidade das transformações. (Mauri, 1996, p. 13)

Mas Canneri vem a nos demonstrar, de forma mais precisa, as nuanças do cenário fluido e dinâmico e cada vez mais complexo:

> A pesquisa de mercado, por exemplo, revela os desejos e as necessidades presentes nos consumidores da atualidade – ou seja, aquilo que eles já sabem que querem –, mas em um contexto turbulento e em rápida transformação, são premiadas as empresas capazes de prever novos negócios e mercados futuros, antecipar as necessidades das quais os consumidores ainda não se deram conta, e nem têm consciência. (CANNERI, 1996. p. 69)

O fato de desejarmos algo pode hoje estar relacionado à somatória das informações obtidas no cotidiano, muitas vezes de forma inconsciente, ainda não explícita na forma de bem material.

A arquitetura, por vez, uma das protagonistas da cultura social e projetual do século XX, também sentiu a interferência desse novo cenário que determina o início do século XXI. Para Andréa Branzi

> Trata-se, então, de posicionar a arquitetura fora da sua tradição de metáfora formal da própria história, ao se limitar apenas aos códigos figurativos e simbólicos em respeito às grandes questões sobre a condição urbana contemporânea. Condições urbanas que são constituídas, hoje, por serviços, redes informatizadas, sistemas de produtos, componentes ambientais, microclimas, informações comerciais e, sobretudo, estruturas perceptíveis, que produzem sistemas como verdadeiros túneis sensoriais e inteligentes, que são entendidos como conteúdos da arquitetura, mas que não são representáveis como códigos figurativos da própria arquitetura. (BRANZI, 2006, p. 09)

---

[3] Ver: ONO, Maristela. *Design e cultura: sintonia essencial.* Curitiba: Edição da autora, 2006.

Dessa forma, disciplinas como o design, pelo seu caráter holístico, transversal e dinâmico, se posicionam como alternativas possíveis na aproximação de uma correta decodificação dessa realidade contemporânea. Segundo ainda Canneri: "uma referência nasce no âmbito da gestão estratégica e considera o design como instrumento estratégico. Ficou drasticamente fragilizada a capacidade do marketing para agir sozinho como instrumento de guia das decisões estratégicas empresariais. A adoção do design, como metodologia de intervenção, é indicada como uma estrada a ser seguida e como uma possível saída para o impasse. No design, vem evidenciada a relação holística dos problemas, a capacidade de gestão da complexidade, dos aspectos criativos, da tensão gerada quando se inova, da atenção pelo produto no sentido mais amplo do termo, seja esse material ou serviço, da propensão natural de agir como mediador entre produção e consumo. Por tudo isso, alguns autores chegam a separar o design da sua relação como uma disciplina nos moldes conhecidos, propondo a disseminação da atividade em todas as áreas possíveis da empresa" (CANNERI,1996). O design, portanto, se apresenta como uma disciplina transversal (e mesmo "atravessável") ao aceitar e propor interações multidisciplinares que se relacionam com a precisão das áreas exatas, passando pelas reflexivas áreas humanas e sociais até chegar à liberdade de expressão das artes. Na verdade, o design amplia ainda o seu diálogo com as disciplinas tecnológicas, econômicas e humanas, bem como com as do âmbito da gestão, da semiótica e da comunicação.

Hoje é necessário (como nunca) **estimular as vendas** por meio da diferenciação **pelo design, pela publicidade, pela comunicação e pela promoção.** Isso se deve à **drástica mudança de cenário,** que **deixou de ser estático** e passou a ser **imprevisível e repleto de códigos,** isto é, **dinâmico** e de **difícil compreensão.**

O **cenário existente,** na verdade, **é uma fotografia da realidade,** mas na atualidade, com **dinamismo forte, demandas distintas, necessidades e expectativas diversas,** tornou-se um **grande desafio a decodificação do cenário.**

QUADRO SINTÉTICO SOBRE A COMPLEXIDADE DO CENÁRIO ATUAL

A imagem desfocada nos demonstra uma multidão em forma indefinida. Imagem desenvolvida junto com Alessandro Biamonti a partir de fotografia de Gabriele Maria Pagnini.

O design e a gestão da complexidade

É interessante notar que o desafio na atualidade para produtores e designers, ao atuarem em cenários definidos como dinâmicos, fluidos, mutantes e complexos, deixa de ser definitivamente o âmbito tecnicista e linear (desafios marcantes na primeira modernidade), passando também à arena ainda desconhecida e pouco decodificada dos atributos intangíveis dos bens de produção industrial. Tudo isso faz com que o design interaja, de forma "transversal e atravessável", com disciplinas cada vez menos objetivas e exatas, passando então a confluir com outras que compõem o âmbito do comportamento humano, dos fatores estésicos e psicológicos, aquelas que consideram o valor de estima, a qualidade percebida e demais "atributos derivados e secundários", até então pouco considerados para a concepção dos artefatos industriais. A própria qualidade e o entendimento do termo "valor" vêm regularmente redefinidos, como bem nos atesta Manzini ao afirmar que "para atingir o resultado previsto, isto é, para produzir valor: mais que a tradicional 'cadeia de valor' ocorre hoje falar de 'rede de valor' ou de 'constelação de valor' para utilizar uma expressão de Richard Norman" (MANZINI, 2004, p. 10-17). Está de fato emergindo, em oposição à histórica competitividade pela especialização, um forte interesse pela colaboração interdisciplinar, como nos atesta Alessandro Biamonti:

> Hoje, de fato, o valor econômico é cada vez mais o resultado de uma criação conjunta que envolve diferentes fatores, não somente econômicos, tanto que, como sustenta Normann, o principal objetivo de uma estratégia econômica – na verdade, a criação de valor – não é mais uma questão de posicionamento dentro da "cadeia de valor" (uma sequência linear definida passo a passo: produtivo, logístico e de comunicação; percurso em que o produto sempre aumenta de valor). O valor contemporâneo não é mais um simples incremento em relação a uma condição inicial pela qual o próprio valor, como elemento de projeto, pode ser reinventado. Trata-se de uma operação fortemente projetual, que ganha vida e forma dentro de um contexto de networking necessariamente inter e transdisciplinar [...] Vem, assim definido, um panorama decisivamente mais fluido, governado pela lógica da rede, estruturada sobre fluxos que atravessam e colocam em relação diversos pontos, não organizados de forma hierárquica, criando esquemas de processos produtivos de forma menos cristalina [...] A cadeia do conhecimento representa um modelo de transmissão unidirecional, que segue uma estrutura hierárquica piramidal, enquanto a constelação do conhecimento é composta por uma estrutura aberta, absolutamente não hierárquica, dentro da qual diferentes competências interagem sobre uma plataforma de discussão ainda por se fazer e, por isso mesmo, sempre inéditas. (BIAMONTI, 2007, p. 21-23)

Tudo isso exige e exigirá dos designers uma outra capacidade que vai além do aspecto projetual, mas, uma capacidade permanente de atualização e de gestão da complexidade.

Necessário se faz, portanto, entender, que passamos da técnica para a cultura tecnológica, da produção para a cultura produtiva e do projeto para a cultura projetual. Tudo isso aumentou o raio de ação dos designers, ao mesmo tempo que aumentou também a complexidade de sua atuação. De acordo com Branzi,

> [...] da época das grandes esperanças passamos à época da incerteza permanente, de transições estáveis. Uma época de crise que não é um intervalo entre duas estações de certezas, aquela passada e outra futura, mas uma época submetida a um processo contínuo de atualização, de mudanças, de inovação sem fim e também sem um fim. O futuro não é mais uma meta, mas uma realidade que trabalha para o tempo presente. (BRANZI, 2006, p. 18)

O que nos demonstra que em vez de esperarmos por uma consolidação da complexidade, em que essa complexidade se torne um paradigma e espaço de atuação de contornos definidos, deveremos nos habituar com uma nova forma de atuação por parte dos designers, que corresponde a estarmos sempre preparados para a mudança de cenário e ainda participarmos dessas mudanças ao interpretar, antecipar ou mesmo propor novos paradigmas e cenários.

A complexidade tende a se caracterizar pela inter-relação recorrente entre a abundância das informações, hoje facilmente disponíveis e desconexas. De igual forma, essa complexidade se caracteriza pela inter-relação recorrente entre empresa, mercado, produto, consumo e cultura (esta por vez age de forma interdependente no seu contexto ambiental). A complexidade tende a tensões contraditórias e imprevisíveis e, por meio de bruscas transformações, impõe contínuas adaptações e a reorganizações do sistema no nível da produção, das vendas e do consumo nos moldes conhecidos. Encontro em Silvia Pizzocaro uma tentativa de aproximação que em muito enriquece o nosso conceito de complexidade. Segundo a pesquisadora:

> [...] para haver uma entidade complexa são necessários, pelo menos, dois componentes tão unidos entre si a ponto de não se poder separá-los. Uma entidade, um conjunto, um sistema, serão, então, complexos se compostos de mais de uma parte estreitamente conexas. Daqui nasce o dualismo fundamental de partes que são contemporaneamente distintas e conexas. Intuitivamente, uma entidade será progressivamente mais complexa se suas partes distintas promoverem conexões [...] Se essa reflexão inicial sobre o tema é valida, são principalmente os aspectos relativos à distinção e à conexão a fornecer uma primeira chave de leitura às coordenadas conceituais sobre as quais construir a complexidade: a distinção corresponderá à variedade das partes, à heterogeneidade, assim como reconhecemos que as partes possam apresentar comportamentos diferentes; a conexão corresponderá ao vínculo, ao fato de que as partes não são independentes umas das outras, mas que podem se condicionar reciprocamente. Então: a distinção pode significar um movimento em direção a um estado de desordem e de caos. A conexão, ao contrário, tenderá à ordem; assim sendo, a complexidade somente existe quando ambos estejam presentes: nem a desordem nem a ordem perfeita são complexas. O complexus está entre a ordem e a desordem. (PIZZOCARO, 2004, p. 58-59)

Portanto, dentro desse cenário de complexidade estabelecido, ao procurarmos estabelecer vínculos e conexões ainda por se firmarem, faz-se necessário promover modelos aproximativos em busca de reafirmar uma pretensa ordem possível.

Tudo isso nos leva a concluir, que a complexidade hoje presente na atividade de design exige por vez, dentro da cultura projetual, a compreensão do conceito de gestão da complexidade por parte dos designers, pois, ao atuarem em cenários múltiplos, fluidos e dinâmicos lidam de igual forma com o excesso de informações disponíveis. Torna-se então necessário, para o design atual, dentro do cenário de complexidade existente, valer-se de novas ferramentas, instrumentos e metodologias para a compreensão e a gestão da complexidade contemporânea.

A simples abordagem projetual objetiva e linear, então praticada para a concepção dos produtos industriais no passado, não é mais suficiente para garantir o sucesso de uma empresa e, mesmo, para atender à expectativa do usuário atual. A complexidade hoje existente fez com que houvesse uma desarticulação entre as disciplinas e os instrumentos que orientavam o processo de concepção e de desenvolvimento dos produtos durante a solidez moderna. O "metaprojeto", com seu método de abordagens e de aproximação através de fases e tópicos distintos, propõe o desmembramento da complexidade em partes temáticas "gerenciáveis", que passam a ser analisadas de forma individual e com maior probabilidade de acertos e soluções. Por isso, o metaprojeto se apresenta como um modelo de intervenção possível, junto a esse cenário que se estabelece como sendo cada vez mais complexo e cheio de inter-relações.

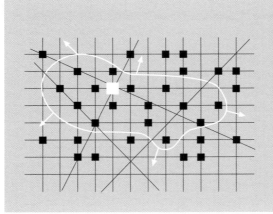

QUADRO SINTÉTICO DEMONSTRANDO O DESIGN E A COMPLEXIDADE NA CONSTELAÇÃO DE CONHECIMENTOS

Quadro desenvolvido a partir do mapa da constelação de conhecimentos de Alessandro Biamonte parafraseando a constelação de valor de Richard Normann.

repensando
o papel da metodologia

capítulo 2

A metodologia até então aplicada para o desenvolvimento de produtos na maioria dos cursos de design, e posteriormente praticado também durante o percurso profissional, traz na sua essência as referências do cenário estático presente no modelo moderno, em que normalmente os elementos eram de fácil decodificação, por não serem híbridos, e quase sempre de conteúdos previsíveis por ainda não ter havido o mix de informações fortemente presente no processo de globalização. Esse formato objetivo e linear de metodologia projetual prevaleceu como base da construção do mundo moderno no qual, como apontado no tópico anterior, foi referência para o desenvolvimento do modelo industrial ocidental por grande parte do século XX. O *briefing*, como parte dessa metodologia, era normalmente compreendido por referência básica sobre o perfil do usuário ou do possível novo consumidor, que não tinha grande possibilidade de escolha por diferentes produtos, pelo fato de o mercado ser predominantemente regionalizado, quando muito dominado por um grupo de empresas líderes, isto é, não existia, por parte do consumidor, uma variedade de opções para escolha, havendo poucas referências a serem seguidas.

Os elementos de possível interligação, apontados pela antiga metodologia projetual e utilizados durante o ato projetual na era moderna, eram conectados de forma previsível e linear, quase sequencial, tendo sempre como referência os fatores objetivos inerentes ao projeto, dentre os quais se destacam: a delimitação precisa do mercado e do consumidor, o *briefing*, o custo e o preço do produto, os possíveis materiais a serem utilizados (sempre visando o custo), as referências da ergonomia antropométrica, a viabilidade da produção fabril e uma estética tendendo para o equilíbrio e a neutralidade. Essa fórmula atendeu, por muitas décadas, às necessidades básicas do consumidor, e ia ao encontro das limitações técno-produtivas existentes durante todo o período do desenvolvimento industrial da era moderna. Mas tudo isso, hoje, não mais corresponde à realidade de um cenário complexo e mutante em que vivemos. Sobre esse argumento, assim discorre Paola Bertola: "Aspecto interessante trazido à tona por Crozier observa o prevalecimento da lógica da inovação sobre aquela da racionalização e, por consequência, a necessidade de desenvolvimento da capacidade 'criativa' sobre a capacidade lógico-matemática" (BERTOLA, 2004, p. 29). Novas ferramentas criativas se fazem, portanto, necessárias para cobrir essas lacunas que os modelos metodológicos até aqui utilizados não são mais capazes, sozinhos, de atender.

Velhos motes como o de Louis Sullivan, que apregoava que a *forma segue a função*, poderiam, no cenário atual, ser reformulados por meio de diferentes reflexões (sempre com mais de uma possibilidade é claro) mais condizentes e adequadas aos avanços tecno-científicos possibilitados pelas indústrias e pelos novos comportamentos adquiridos pelos cidadãos contemporâneos. Que fossem mais adequados à própria relação existente entre o consumidor atual e a função dos artefatos em satisfazer suas necessidades primárias e secundárias, objetivas e subjetivas. Dentro dessa realidade, novos motes passam então a surgir, como os defendidos pelos semiológos que apregoam que *a forma segue a interpretação*, ou nas palavras de estudiosos como Andrea Branzi, que diz que a *forma segue a emoção*, ou ainda como exposto pelo designer japonês Isao Hosoe quando nos lembra que *a forma segue o bom senso*.

Na verdade, sabemos que, em épocas distintas, os vínculos e as condicionantes produtivas do passado foram determinantes para a configuração da forma estética dos artefatos de produção industrial. Dentre estes, podemos recordar a forma arredondada dos eletrodomésticos dos anos 1950 que acabou por consolidar um estilo, mas esse estilo não surge da concepção teórica e estético-formal dos designers, mas sim da limitação tecno-produtiva das ferramentas de estampagens e moldes então utilizados. Muitas vezes, as capacidades de interpretação por partes dos designers frente às dificuldades produtivas tornaram-se grandes êxitos formais e estéticos advindos dos limites tecnológicos e dos vínculos produtivos então existentes. Hoje, ao contrário, a necessidade de se dar forma a um produto é mais uma questão semântica, comunicativa e ergonômica que uma questão tecnológica. Na atualidade, estamos certos que os produtos ganham forma mais em virtude das expectativas, das demandas e dos estilos de vida que uma sociedade exprime do que em decorrência das práticas produtivas, dos vínculos tecnológicos e dos materiais a serem empregados. A forma, hoje, não é mais uma questão objetiva funcional, mas, sim, está ligada aos fatores semânticos, psicológicos e subjetivos. Segundo Antonella Penati o modelo de racionalidade global aplicado no passado se baseava

> [...] no conhecimento global dos recursos disponíveis, nos vínculos, nos contornos das possíveis consequências das ações e da suposta clareza e estabilidade dos objetivos a serem atingidos. Tudo isso rendia, logicamente, qualquer ação projetual aos princípios da eficiência [...] Essa prática sofre processo de revisão e, progressivamente, se distancia do dogma da racionalidade, porque se priva de capacidade interpretativa adequada para explicar os fenômenos complexos contemporâneos. (PENATI, 2004, p. 45)

O fato de colocar no centro do debate questões como a organização do projeto, os limites, os vínculos e as condicionantes projetuais fez com que a metodologia obtivesse papel de protagonismo no desenvolvimento de novos produtos. Afinal, o ponto de partida no âmbito projetual se inicia mesmo com a individualização do denominado *problem finding* (definindo o problema), passando a seguir ao oportuno *problem setting* (conhecendo o problema), antes de chegar ao *problem solving* (resolvendo o problema). Para um dos grandes designers que se ocuparam da temática metodologia projetual, Bruno Munari, o que deve ser entendido em relação ao desenvolvimento de um projeto é que certas coisas devem ser feitas antes de outras e já prevendo as possibilidades de escolha que um projetista poderia ter diante de si. Ele discorre:

> O método projetual para o designer não é algo absoluto e definitivo; é algo modificável quando se encontram outros valores objetivos que melhorem o processo. É esse fato ligado à criatividade do projetista que, ao aplicar o método, pode descobrir qualquer aspecto para melhorá-lo. (MUNARI, 1981, p. 18)

Mas a crise da metodologia projetual em prática se inicia não porque o método deixa de ter importância para o projeto no mundo contemporâneo, fluido e globalizado, mas, ao contrário, pelo fato de que as suas linhas guias se tornaram insuficientes para a gestão do projeto dentro do cenário de complexidade estabelecido. Isso acontece em vários âmbitos do conhecimento onde exista uma abordagem de cunho projetual, abrangendo do design gráfico ao design de produto, da arquitetura ao urbanismo. Por outro lado, as formas e os modos de produção tornam-se cada vez mais híbridos e transversais, fazendo com que a metodologia tenha de deixar de exercer um papel específico e pontual, dentro da esfera do projeto, passando a uma relação mais flexível e adaptável de visão mais circunscrita e holística dentro da cultura do projeto. Nesse sentido, tomemos como exemplo as questões inerentes às grandes cidades do mundo global que pedem, a cada dia, mais reestruturação e intervenção de seu *modus vivendi* e *modus operandi*, e ainda primam por novos modelos de uso diante da desertificação das áreas antes destinadas à industria e à produção fabril, com seus galpões cada vez mais vazios e seus edifícios cada vez mais abandonados, mas passíveis de novas reutilizações. Sobre essa realidade assim descreve Frederico Montanari:

> Neste sentido, pensemos nos problemas do urbanismo e da arquitetura, e da enorme necessidade de análise crítica sobre os territórios das nossas cidades que correm o risco de passar do estado de *cosmopolis* ao estado de *claustropolis*, ou mesmo de *dead cities*, para dizer com as palavras de Mike Davis e Paul Virilio; no qual a violência e a anomia voltam a predominar em um cenário de guerra generalizado e permanente. Quais tipos de espaços são percebidos e desejados; quais serão os problemas futuros, quais sensações e riscos nesses espaços urbanos e arquitetônicos poderão vir a ser produzidos? Trata-se, portanto, de mapear as possibilidades futuras, as potencialidades que poderão existir além dessas presentes. (MONTANARI, 2008, p. 57)

Retornando à realidade do design, devemos reconhecer que os objetos deixam verdadeiros "sinais" nos seus usuários. O sentido do design vai além do âmbito material do produto, mas também abrange as consequências que o produto deixa nos indivíduos, tudo isso ultrapassa o objeto em si. Utilizando as palavras do sociólogo francês Pierre Rabardel, "o projeto prossegue com o uso", e, nesse caso, então podemos concluir que o produto, quando lançado no mercado, não se encontra ainda pronto e concluído. Para Salvatore Zingale,

> O objeto do projeto não é somente o produto físico como o entendemos, mas as reações, interações e respostas interpretativas que esse produto é capaz de provocar e produzir [...] O objeto do projeto são todos os valores que um produto seja capaz de dispor e oferecer; por exemplo, os valores relativos à beleza, à sua visibilidade social, à sua utilidade e usabilidade, à segurança e ao conforto, e ainda muitas outras coisas mais. (ZINGALE, 2008, p. 67)

Mas, certamente não encontraremos respostas para as questões de cunho semântico-funcionais no projeto apenas por meio do uso da metodologia convencional, pois sabemos que não existe um suporte metodológico infalível quando se abordam aspectos imateriais e a inserção de valores intangíveis (construção de sentidos), principalmente em cenários complexos como na época contemporânea. Para Michela Deni,

> Não existem instrumentos exatos para prever o futuro quando se tratam de fenômenos complexos ou mesmo minimamente complexos; vale dizer que essa complexidade compreende aspectos nos quais possam conviver diferentes elementos que se tornam fatores de risco e de imprevisibilidade. (DENI, 2008, p. 90)

Por isso a metodologia projetual que organizava e dirigia os rumos do projeto, em uma plataforma de conhecimento estável e sólida, passa a ter na hibridização e na complexidade de cenário o seu desafio de superação como instrumento de guia para os projetistas, e para as novas condicionantes que não são de fáceis visibilidade e identificação.

Desafios hoje encontram os designers que tiveram seus processos de aprendizagens projetuais tendo como base apenas os desafios tecnológicos, objetivos e funcionais, que mantiveram, no centro de sua atuação profissional, o costume de lidar somente com o *problem solver*. Que agiam por meio de regras e de técnicas que dominavam coerentemente durante todo o processo projetual, produtivo e mercadológico, então de fácil percepção. Hoje é exigida outra capacidade dos designers, uma vez que os valores técnicos e objetivos passaram a ser como *comodities* do projeto de design, ou seja: os fatores objetivos continuam a existir, mas não são mais esses valores que determinam sozinhos a qualidade e a diferenciação entre um produto industrial e outro. Hoje, a estética, a interface, a afetividade e a usabilidade são também reconhecidos como fatores determinantes de qualidade. São exigidos dos designers contemporâneos, portanto, outros conhecimentos e abordagens que antes não eram necessariamente considerados; necessidades tidas anteriormente como secundárias, imateriais e subjetivas, e que são relacionadas aos fatores psicológicos, semânticos, semiológicos, da interface e do sentimento humano. Hoje, já se é capaz de projetar o desejo de obter o produto, o amor, a estima e o convite ao seu uso, o que James Gibson denomina de *affordance*. Portanto, na atualidade, é exigida a presença de profissionais mais cultos e mais relacionados com as disciplinas humanas e sociais, uma vez que hoje falamos constantemente de cultura do projeto e de cultura tecnológica. O designer, nesse sentido, deve ver o mundo e a cultura projetual com uma visão mais alargada, uma ótica não somente voltada para as questões do produto em si, mas, de igual forma, para a dinâmica que gira entorno do produto. A história dos objetos industriais sempre foi uma interseção de várias histórias, dentre elas, a história da arte, a história social, a história tecnológica, a história econômica e a história política, e isso vem, hoje, mais consolidado e visível na nossa sociedade contemporânea.

Diante do exposto, o metaprojeto, dentro do seu âmbito de abrangência, desponta como um instrumento de auxílio ao design contemporâneo, para a compreensão e interpretação das complexas condições produtivas e projetuais existentes na atualidade. Como pode ser percebido, por sua afinidade com o fenômeno atual de complexidade, o método dialético e suas leis – "ação recíproca" (tudo se relaciona) e "mudança dialética" (tudo se transforma) – são considerados também como referências possíveis para o modelo metaprojetual. Para o metaprojeto, a metodologia não pode ser vista como uma função precisa e linear, na qual cada fase vem definida antes do início da sucessiva, mas como uma constante intervenção de *feed back* em que, constantemente, se retorna à fase anterior.

Sobre a dialética, assim discorre Marconi e Lakatos:

> Portanto, para a dialética, as coisas não são analisadas na qualidade de objetos fixos, mas em movimento: nenhuma coisa está "acabada", encontrando-se sempre em vias de se transformar, desenvolver-se. O fim de um processo é sempre o começo de outro. Por outro lado, as coisas não existem isoladas,

destacadas uma das outras, e independentes, mas como um todo unido, coerente. Tanto a natureza, quanto a sociedade, são compostas de objetos e fenômenos organicamente ligados entre si, dependendo uns dos outros e, ao mesmo tempo, condicionando-se reciprocamente [...] nenhum fenômeno da natureza pode ser compreendido, quando encarado isoladamente, fora dos fenômenos circundantes; porque, qualquer fenômeno, não importa em que domínio da natureza, pode ser convertido num contrassenso quando considerado fora das condições que o cercam. (MARCONI e LAKATOS, 2003, p. 101)

De igual forma acontece em um processo dedutivo, com suas hipóteses e soluções correlacionadas; nesse caso, a relação sistêmica como método de leitura para estudar o desenvolvimento tipológico-formal de um novo produto significa, substancialmente, superar o foco concentrado sobre a microesfera técnica passando à maturidade social, tecnológica e comercial, em nível macro.

O modelo metaprojeto se consolida, portanto, pela formatação e prospecção teórica que precede a fase projetual ao elaborar um ou mais cenários por meio de novas **propostas conceituais (concept)**, destinadas a um novo produto ou serviço, ou a efetuação de **análises corretivas (diagnose)** em produtos e/ou serviços já existentes. A diferença, portanto, nesse modelo projetual é que o design se apresenta como sendo muito mais que o projeto da forma do produto, alargando o seu raio de ação junto ao complexo conjunto de atividades que compreendem um projeto do início ao fim. A forma e as funções que compreendem o produto passam a ser o nosso ponto de partida e não o fim do projeto. Os designers, por vez, passam a trabalhar com a possibilidade de cenários, em vez de atuar de forma pontual em busca de resolver o problema de cada fase linear do processo metodológico. Nesse sentido, a ação de conhecimento e de análise prévia da realidade existente (cenário atual) ou prospectada (cenário futuro) faz plenamente parte do processo de design. O profissional, nesse caso, deve ser capaz de traçar os limites, analisar e, sobretudo, realizar uma síntese compreensível de cada etapa projetual já por ele superada.

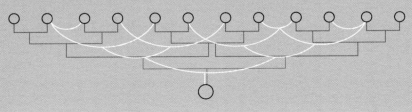

QUADRO SINTÉTICO SOBRE DESIGN E GESTÃO DA INFORMAÇÃO

O quadro demonstra a mudança nas relações lineares e objetivas do projeto para um sistema de inter-relações mais dinâmico e flexível.

metaprojeto

capítulo 3

Conceito

O Metaprojeto vai além do projeto, pois transcende o ato projetual. Trata-se de uma reflexão crítica e reflexiva preliminar sobre o próprio projeto a partir de um pressuposto cenário em que se destacam os fatores produtivos, tecnológicos, mercadológicos, materiais, ambientais, socioculturais e estético-formais, tendo como base análises e reflexões anteriormente realizadas antes da fase de projeto, por meio de prévios e estratégicos recolhimentos de dados.

Por seu caráter abrangente e holístico, o metaprojeto explora toda a potencialidade do design, mas não produz *output* como modelo projetual único e soluções técnicas preestabelecidas, mas um articulado e complexo sistema de conhecimentos prévios que serve de guia durante o processo projetual. Nesse sentido, o metaprojeto pode ser considerado, como diria a corrente italiana, como o "projeto do projeto" em que amplio o conceito para "o design do design". Dessa maneira o design vem aqui entendido, em sentido amplo, como disciplina projetual dos produtos industriais e serviços, bem como um agente transformador nos âmbitos tecnológicos, sociais e humanos.

O debate sobre o fenômeno "meta", relacionado ao design, se inicia ainda mesmo na década de 1960, quando diversos autores como Van Onck, Eco, Maldonado e Archer, refletiam sobre o conceito de metadesign:

> Aquilo que se encontra de maneira estática nos objetos do design, é interpretado como um estado de "movimento brecado" [...] No metadesign as linhas são interpretadas como pontos em movimento. Os planos são linhas em movimento, os corpos são como planos em movimento [...] O baricentro do interesse do metadesign encontra-se deslocado, portanto, para o estudo do movimento, enquanto o design está mais interessado pela forma estática. (VAN ONK, 1965, p. 27-32)

Ao considerarmos a realidade de um "cenário complexo e mutante", o metaprojeto, por sua vez, como por nós abordado neste livro, se apresenta como um suporte possível à metodologia convencional que, conforme vimos, operava em cenário previsível e estático. Em um âmbito mais abrangente, o metaprojeto desponta como suporte de reflexão na elaboração dos conteúdos da pesquisa projetual. De acordo com Pizzocaro:

> Contemporaneamente, poder-se-ia verificar que onde a ação meta-projetual consolida e coagula uma forma de reflexão teórica, esta assume, cada vez mais, a forma de um saber linguístico, estratégico e interpretativo, não diretamente prescritivo para a práxis do projeto, mas destinado a decodificar o projetável dentro de uma realidade complexa. (PIZZOCARO, 2004, p. 57)

A complexidade existente na atualidade sugere sempre uma atuação mais estruturada (por parte dos designers) também na fase dos estudos preliminares dos pressupostos para o projeto. Individualizar e identificar o cenário existente e/ou futuro, bem como o mapeamento de um contexto possível, é tão relevante hoje quanto projetar o produto em si. Isso porque cada decisão em um projeto é uma mediação entre uma série de hipóteses na tentativa se obter uma melhor resposta diante de uma série de *inputs* ainda problemáticos.

O metaprojeto nasce, portanto, da necessidade de existência de uma "plataforma de conhecimentos" (*pack of tools*) que sustente e oriente a atividade projetual em um cenário fluido e dinâmico que se prefigura em constante mutação. O metaprojeto visa transmitir alguns conhecimentos inerentes à disciplina do design, aqui entendido no sentido amplo, como atividade projetual dos produtos industriais e como fenômeno de transformação nos âmbitos tecnológico, social e humano. Metaprojeto como suporte à velha metodologia projetual que "minimiza" (e, muitas vezes, engessa) as possibilidades de ação profissional e "planifica" as diversas e distintas realidades existentes no mundo contemporâneo. Nesse sentido o Metaprojeto desponta como uma alternativa mais flexível e adaptável a diferentes circunstâncias, hoje deparadas pelos designers, bem como às diversas realidades e cenários existentes dentro da cultura do projeto.

O metaprojeto considera o processo dedutivo, as hipóteses possíveis e os cenários mutantes, podendo ser combinado em diferentes modos e módulos, buscando, por fim, perseguir e atender a situações distintas. O metaprojeto não considera somente as necessidades básicas, primárias e objetivas (bastante comuns nas metodologias convencionais) do produto, mas, de igual forma, as necessidades secundárias, derivadas e subjetivas, que dizem respeito à emotividade, ao desejo e ao prazer. Nesse sentido, o metaprojeto considera o projeto muito além do *product design*, mas também como um caráter linguístico e suas implicações emocionais durante o uso. Na ação metaprojetual para a concepção de um automóvel, por exemplo, considera-se a sua existência como uma inserção em um estilo de vida. O automóvel é considerado, logicamente, como um meio de transporte (necessidade específica, primária, básica e fundamental), mas também se propõe a proporcionar a comodidade e o prazer de guiá-lo (necessidade do prazer), considera-se a função segurança (necessidade fundamental), o conforto e a rapidez (necessidade do desejo), propõe-se também uma posição social (necessidade de autoestima: executivo, esportivo etc.), distinção por meio da estética (qualidade subjetiva), importância estésica e ergonômica (necessidades cognitivas de bem-estar) dentre outros diversos aspectos.

Diante disso, o metaprojeto se destaca como disciplina que auxilia o projeto também no âmbito dos conteúdos imateriais ao considerar a comunicabilidade, a interface, a cognição, o valor de estima e o de afeto, o valor e a qualidade percebida e se coloca ainda como mediador na definição do significado do produto (conceito) e da sua significância (valor). O metaprojeto, por seu caráter analítico e reflexivo, se afirma, portanto, como disciplina que se propõe a unir os aspectos objetivos e subjetivos, primários e secundários, principais e derivados, materiais e imateriais de produtos e serviços. Ele nos auxilia, portanto, na compreensão do ato projetual como resposta às profundas necessidades das condições produtivas e projetuais contemporâneas e pode ser considerado em diferentes modos, buscando, assim, perseguir situações distintas enfrentadas pelos designers na atualidade.

Em uma realidade complexa, como a que existe hoje, os designers devem agir com competência de maestro de orquestra, procurando promover novas relações, interligar os sistemas desconexos (promover uma plataforma de inter-relações), enxergar novas possibilidades e propor novas costuras e interpretações.

Por isso mesmo, o metaprojeto atua principalmente nas fases iniciais do projeto de design, precedendo a fase projetual, observando a realidade existente e prospectando cenários futuros a serem ainda construídos. Segundo Raffaella Trocchianesi

> O metaprojeto é um percurso projetual que parte da observação crítica de parte da realidade existente, em função do âmbito a que se deseja chegar e que nos interessa, e chega a um ponto que não é ainda definitivo, que não é ainda o projeto executivo, mas um ou mais conceitos possíveis. Isso significa também que mesmo o conceito tem uma margem de aproximação, de definição, que deve ter prosseguimento em outra fase do projeto. Os termos que utilizamos projetualmente, sobretudo no percurso metaprojetual, são termos como "cenário" e, portanto, "conceito". Trata-se, porém de um projeto ainda em curso, em que ainda não existe uma definição precisa, mesmo porque, normalmente, nas primeiras fases do projeto se vê uma forte interdisciplinaridade e também grande flexibilidade. (TROCCHIANESI, 2008, p. 184)

Em uma linguagem mais simples e direta, poderíamos então dizer que a fase metaprojetual é o momento no qual devemos colocar tudo sobre a mesa, as questões, informações e os dados inerentes ao projeto para uma reflexão inicial até chegarmos à formulação mais precisa sobre o conceito a ser desenvolvido na fase projetual. De acordo com Michella Deni,

> Podemos a esse ponto chegar à definição de metaprojeto como o percurso que precede a fase do projeto no sentido operativo; é o momento no qual se observa o existente, explicitam-se escopos, objetivos e meios projetuais. Em outras palavras, observa-se o que já existe de similar ou com as mesmas funções, interroga-se sobre o próprio papel do enunciador (a empresa, o projetista) e do enunciatário (a qual usuário será destinado o projeto), sobre o público-alvo possível (individualizar os grupos de usuários/consumidores possíveis). Imaginam-se cenários, práticas de uso, variações possíveis e consequências do produto ou das práticas de uso a esses conexos. (DENI, 2008, p. 98)

Nesse caso, o objeto do projeto se torna o sistema de relações que ligam o produto a um contexto maior, que vai de uma comunidade cultural a um território, de um contexto econômico a uma região.

O metaprojeto se coloca como um espaço de reflexão e de colaboração para os conteúdos da pesquisa projetual anterior à fase projetual, oferecendo, por consequência, as bases de definição para o projeto do produto e/ou serviço. Trata-se da intencionalidade projetual construída durante a fase que antecede o próprio projeto.

CONCEITO DE METAPROJETO

VERBETE: META + PROJETO

Que vai **além** do projeto, que **transcende** o projeto, que faz reflexão crítica e reflexiva sobre o próprio projeto.

Considerar o projeto analisando a demanda e prospectando um **cenário existente** ou **futuro possível,** no qual são considerados os seguintes tópicos básicos: aspectos mercadológicos; de sistema produto/design; ambientais; socioculturais; tipológico-formais e ergonômicos; bem como de tecnologia produtiva e materiais, tendo como base pesquisas, análises, críticas e reflexões anteriormente realizadas por meio de recolhimentos de dados prévios.

QUADRO SINTÉTICO SOBRE O CONCEITO DE METAPROJETO

Etimologia do termo

Metaprojeto do prefixo **"meta"** que quer dizer: "posterioridade"; "além"; "transcendência"; "reflexão crítica sobre".

Para uma melhor compreensão do termo, a palavra do italiano *pro/gettare* significa ir além da escolha por simples intuição, avaliando, por exemplo: êxitos, riscos e possíveis efeitos e implicações.

PRO/GETTARE

AVANTE LANÇAR → LANÇAR ADIANTE → ANTECIPAR/ PROPOR/ CONCEBER

META/PRO/GETTARE

REFLETIR AVANTE LANÇAR → REFLETIR ANTES DE LANÇAR ADIANTE
↓
REFLETIR ANTES DE ANTECIPAR/ PROPOR/ CONCEBER

ETIMOLOGIA

VERBETE: META
"Posterioridade; além; transcendência; reflexão crítica sobre";

VERBETE: TRANSCENDÊNCIA
"Passar além de; ultrapassar; elevar-se acima de";

VERBETE: REFLEXÃO
"Ato ou efeito de refletir-(se); volta da consciência do espírito, sobre si mesmo, para o seu próprio conteúdo por meio do entendimento, da razão".

QUADRO SINTÉTICO
SOBRE A ETIMOLOGIA
DE METAPROJETO

Em busca de uma melhor compreensão etimológica, poderemos fazer uma pequena analogia do prefixo "meta" e demais outras aplicações em áreas de conhecimentos distintas (silogismos correlativos) como as que se apresentam a seguir:

Metafísica: "corpo de conhecimentos racionais em que se procura determinar as regras fundamentais do pensamento, e que nos dá a chave do conhecimento do real, tal como este verdadeiramente é (em oposição à aparência)";

Metalinguagem: "a linguagem utilizada para descrever outra linguagem ou qualquer sistema de significação";

Metapsicologia: "especulação de caráter filosófico sobre a origem, estrutura e função do espírito, bem como sobre as relações entre o espírito e a realidade";

Metaprojeto: reflexão crítica e reflexiva sobre o próprio projeto a partir de cenários mutantes, apresenta-se como um suporte possível na elaboração dos conteúdos da pesquisa projetual contemporânea.

SILOGISMOS CORRELATIVOS

VERBETE: METAFÍSICA
"Corpo de conhecimentos racionais em que se procura determinar as regras fundamentais do pensamento, e que nos dá a chave do conhecimento do real, tal como este verdadeiramente é (em oposição à aparência)";

VERBETE: METALINGUAGEM
"A linguagem utilizada para descrever outra linguagem ou qualquer sistema de significação";

VERBETE: METAPSICOLOGIA
"Especulação de caráter filosófico sobre a origem, estrutura e função do espírito, bem como sobre as relações entre o espírito e a realidade".

QUADRO SINTÉTICO SOBRE SILOGISMOS CORRELATIVOS

Objetivos do metaprojeto

É objetivo do metaprojeto propiciar um cenário existente ou futuro a partir de uma **plataforma de conhecimentos,** em que é demonstrada a prévia avaliação sobre os pontos positivos e negativos relacionados ao desenvolvimento dos produtos industriais, tendo como enfoque o modelo metaprojetual, verificando previamente o ciclo de vida, a tecnologia produtiva e as matérias-primas aplicáveis, os fatores sociais e mercadológicos correlacionados, bem como a coerência estético-formal e os fatores de usabilidade intrínsecos aos artefatos industriais. Tudo isso se busca por meio da utilização dos modelos de análises previamente aplicados, em busca de se obter um **mapa conceitual** que nos levará a **uma visão conceitual** e, por fim, à **análise conceitual** definitiva do produto antes do projeto. Deve-se observar o metaprojeto, não somente como atividade de suporte ao projeto definitivo em si, mas como um instrumento que passa do modelo estático, no qual as fases do projeto são atravessadas somente uma vez, àquele modelo dinâmico, no qual se fazem verificações contínuas por meio de constantes *feedbacks* em todas as fases projetuais, inclusive nas já realizadas, como um modelo flexível em que as decisões tendem a ser reversíveis.

OBJETIVOS DO METAPROJETO

QUANTO MAIS COMPLEXO O CENÁRIO

↓ ↑

MAIS COMPLEXO SE TORNA O DESIGN

O objetivo é propiciar, antecipadamente, por meio de um *pack of tools*, um **mapa projetual** a partir de **visões** e **cenários** possíveis, em que vêm apontados os pontos **positivos** e **negativos** relacionados ao produto em estudo, por meio de prévia aplicação de **modelos de análises e ações metaprojetuais.**

QUADRO SINTÉTICO SOBRE OBJETIVOS DO METAPROJETO

De acordo com Alessandro Deserti,

> Uma primeira abordagem processual da atividade metaprojetual nos diz que essa atividade pode ser organizada na fase de pesquisa; uma fase de interpretação dos dados recolhidos, direcionada à geração de algumas metatendências de um lado e à formação de dados de base para a construção de trajetórias de inovação de outro; uma fase também tida como sendo *cenary building* (de construção de cenário), que é aquela em que se define uma série de trajetórias de inovação, interpolando os dados da pesquisa com algumas constantes comportamentais das pessoas e dos grupos sociais; por fim, uma fase na qual se operam as escolhas entre cenários distintos, se constroem algumas visões para serem utilizadas como instrumento de estímulo e de orientação úteis ao *concept design,* que introduz a passagem do metaprojeto ao projeto. (DESERTI, 2007, p.57)

APLICAÇÃO DO METAPROJETO

O **metaprojeto** auxilia na compreensão das profundas transformações tecnológicas, produtivas e de consumo contemporâneas por meio do design.

A disciplina **metaprojeto** é um espaço de reflexão e de elaboração dos conteúdos da **pesquisa projetual**. Ela nasce da necessidade de uma "**plataforma de conhecimentos**" que sustente e oriente a **cultura projetual** em um cenário em constante mutação.

O modelo **metaprojetual** se aplica a todas as modalidades do design como: design de produtos, visual design, design de ambientes, design de moda e design de serviços.

QUADRO SINTÉTICO SOBRE APLICAÇÃO DO METAPROJETO

Para tanto, o metaprojeto como fase de contextualização projetual (considerando os vínculos e as oportunidades existentes), baseia-se inicialmente em seis tópicos principais a serem considerados para sua aplicação, podendo ser estendidos conforme a complexidade do projeto a ser desenvolvido.

Tópicos básicos do metaprojeto

1 Fatores mercadológicos . 2 Sistema produto/design . 3 Sustentabilidade ambiental
4 Influências socioculturais . 5 Tipológico-formais e ergonômicos . 6 Tecnologia produtiva e materiais empregados.

ESTRUTURA DISCIPLINAR

O metaprojeto se baseia em seis tópicos/aspectos a serem considerados para sua aplicação, podendo, no entanto, ser expandidos e ampliados conforme a complexidade do projeto.

1. TECNOLOGIA PRODUTIVA E MATERIAIS;
2. TIPOLÓGICOS E ERGONÔMICOS;
3. FATORES MERCADOLÓGICOS;
4. INFLUÊNCIAS SOCIOCULTURAIS;
5. SISTEMA PRODUTO/DESIGN;
6. SUSTENTABILIDADE SOCIOAMBIENTAL.

QUADRO SINTÉTICO SOBRE A ESTRUTURA DO METAPROJETO

Chamamos a atenção para o fato, de a aplicação do modelo metaprojetual não exigir uma sequência lógica, única, linear e objetiva. Os tópicos básicos de análise não apresentam uma rigidez de ordem de abordagem, podendo, portanto, ser analisados por ordem de interesse do designer ou pelos conteúdos e informações mais próximas das condicionantes apresentadas, pelas oportunidades e pelos desafios do projeto a ser desenvolvido.

RESULTADOS ALMEJADOS

APLICATIVO - o resultado almejado é a definição teórica de uma **proposta conceitual (concept)** para um novo artefato industrial ou a realização de um **diagnóstico (analyze)** em um produto e/ou serviço específico já existente.

TEÓRICO - a transmissão dos conhecimentos **metaprojetuais** inerentes à disciplina de design, aqui entendido no sentido amplo, como **cultura projetual** dos produtos industriais e como fenômeno de transformação nos âmbitos tecnológico, social e humano.

QUADRO SINTÉTICO SOBRE OS RESULTADOS ALMEJADOS

metaprojeto: análise por tópicos

capítulo 4

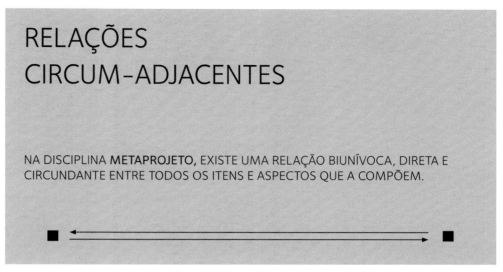

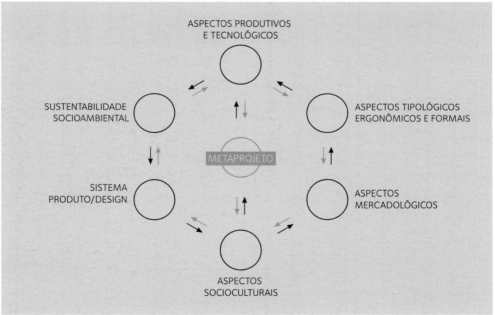

QUADRO SINTÉTICO
DAS RELAÇÕES
CIRCUM-ADJACENTES
DO METAPROJETO

Fatores mercadológicos

O design não pode prescindir da inserção, em seu âmbito de ação, de conceitos inerentes ao marketing, à economia, às questões mercadológicas e, de igual forma, daqueles relacionados ao mundo da publicidade, à estratégia de mercado, às relações públicas, promocionais e à comunicação. Normalmente, as empresas se orientam de modos distintos; existem aquelas que são orientadas para o aumento da produção *(product oriented)*, as que são orientadas para o aumento das vendas *(sales oriented)* e também aquelas voltadas para o controle do mercado *(marketing oriented)*. Cada uma dessas empresas apresenta posicionamento estratégico distinto e faz uso de diferentes tipos de veículos de comunicação, utilizando o marketing de forma diferenciada em busca de seus objetivos e seus mercados.

Muitas dessas empresas, dentro do conceito de *marketing mix* proposto por Philip Kotler conhecido como os 4P, quais sejam: produto, preço, ponto de venda e promoção, acentuam seus pontos fortes em função do mercado em que pretendem atuar e do público-alvo *(target)* que querem atingir.

PRODUTO
O produto é o principal elemento do *marketing mix*. O produto se apresenta como fator de diferenciação no mercado, é de importância estratégica para a empresa.

PREÇO
O preço, que no passado vinha controlado pela área administrativa ou produtiva da empresa, tornou-se uma importante variável da função comercial. O preço, hoje, é definido conforme a situação competitiva da empresa no mercado em que atua. Para se definir o preço, é considerado também o valor de estima, a qualidade e o valor percebidos, além do valor de status social que o produto pode vir a oferecer. Normalmente, o preço é superior ao custo e o valor do produto é superior ao preço.

O CUSTO E O PREÇO

O custo **orienta** o preço, mas não mais o **determina**. Hoje, no preço também é considerada a **confiabilidade da marca** no mercado.

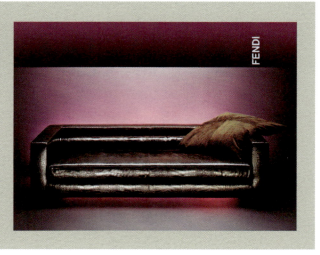

QUADRO SINTÉTICO
SOBRE O CUSTO E O PREÇO

PONTO DE VENDA *(PLACE)*

Por ponto de venda (distribuição) entende-se o conjunto de intermediações comerciais que permite a disponibilização do produto no mercado como: show-rooms, lojas, stands em feiras etc.

PROMOÇÃO

Por promoção entende-se a ação de tornar o produto conhecido. Promover a inserção, divulgação e manutenção do produto no mercado, por meio de publicidade, catálogos, participações em feiras etc.

PESSOA *(PEOPLE)*

Hoje em dia, alguns estudiosos, já apontam também para a possibilidade da existência do quinto "P", que se refere aos recursos humanos e à gestão pessoal.

Quanto aos fatores mercadológicos, devem ser considerados os seguintes itens para maior entendimento do projeto e melhor definição dos atributos do produto ou serviço em estudo.

1. FATORES MERCADOLÓGICOS

Quanto aos **fatores mercadológicos**, deve-se considerar os seguintes itens para melhor entendimento do projeto e definição dos atributos do produto em análise ou a ser desenvolvido:

1. CENÁRIO, VISÃO, *CONCEPT*
2. IDENTIDADE
3. MISSÃO
4. POSICIONAMENTO ESTRATÉGICO

QUADRO SINTÉTICO DOS FATORES MERCADOLÓGICOS

Cenário / visão / concept

A. CENÁRIO:

No que diz respeito ao cenário, de acordo com os estudos de Manzini e Jégou:

> A primeira definição precisa do termo cenário foi introduzida nos anos 1950 por H. Kahn. Um cenário, para esse autor, é a descrição de "possíveis futuros" alternativos, cujos escopos são os de estimular as concretas ações no presente com o intuito de (procurar) controlar e orientar aquilo que será "o futuro de fato". Essa definição e essa relação com o futuro são a bagagem para o desenvolvimento de diversas disciplinas voltadas para o controle e orientação do próprio futuro, como as propostas existentes de *Futures studies* e *strategic planning.* Hoje uma definição de conceito de cenário (GODET, 1987) coerente com essa definição acima seria: um cenário é a descrição de uma situação futura junto com uma série de eventos que nos leva da situação existente à situação vindoura. (MANZINI e JÉGOU, 2004, p. 180)

Mas, na verdade, a questão não é simplesmente prever o futuro, mas guiá-lo, tentar antecipar o futuro em vez de simplesmente prevê-lo. De acordo com Raffaella Trocchianesi,

> Cenário é um termo muito propício para indicar a construção de parte da realidade que traz, dentro de si, problemáticas voltadas ao futuro. Então, traçar e delinear um cenário significa considerar e descrever partes de realidades, mas inserindo nele uma visão de futuro, uma possível linha prospectiva. Se, por exemplo, pensamos que, entre 10, 20 ou 30 anos nos confrontaremos com a carência de recursos hídricos, poderemos apanhar esse conceito e visualizá-lo em modo extremo, como um cenário no qual a água é muito escassa ou mesmo inexistente. Nesse caso, o cenário coincide com um problema. Na realidade, a construção de um cenário comporta o cruzamento de diversas problemáticas e situações distintas. (TROCCHIANESI, 2008, p.186)

De modo especial, o cenário é constituído por três componentes: a visão, a motivação e as propostas conceituais; o que Manzini e Jégou chamam de "arquitetura do cenário", discorrendo desta forma:

> A visão é a componente mais específica do cenário, ela responde questões de base: "Como seria o mundo se...?" [...]. A motivação é a componente do cenário que o legitima e confere-lhe significado, ela responde a pergunta: "Por que este cenário é significativo?" [...]. Por fim, a proposta é a componente que confere espessura e consistência a uma visão, ela responde as perguntas: "Como se articula concretamente a visão de conjunto? De que é composta? Como pode ser implementada?"... [...]. Mas, quando o cenário é um instrumento de projeto, ele deve ser possível e discutível [...] a elaboração de cenários é, para todos os efeitos, uma atividade de design. (MANZINI e JÉGOU, p. 180-192)

O cenário existente na verdade não é se não a fotografia da realidade momentânea e, por isso, o estudo do cenário é já, então, em todos os sentidos, um importante meio de apoio à atividade de design. O cenário futuro pode ser também percebido como antecedência (inovação), a elaboração de cenário futuro é, portanto, um importante vetor de prospecção, de prefiguração do ambiente em que a empresa vai operar.

Podemos dizer que a ideia de um produto é o início de sua construção como objeto semântico-pragmático. A escolha do conjunto de suas propriedades e a prefiguração das suas consequências, do seu impacto em um determinado cenário, dependem, em muito, do conceito inicialmente elaborado. O cenário é que dá vida a uma visão que, por sua vez, determina o conceito. Podemos, então, dizer que o cenário se apresenta primeiro de forma ainda bastante nebulosa e a visão de forma mais clara; por fim, surge a proposta conceitual que deve ser, por sua vez, mais clara e objetiva. Após a visão e antes do conceito, pode ser inserido o "mapa projetual", que é um instrumento de síntese que tem como objetivo veicular a identidade do cenário e da visão de forma mais precisa, em busca de facilitar o surgimento do conceito do projeto.

O cenário, tanto o existente quanto o futuro, é entendido como o local onde ocorrem os fatos, o espaço para a representação de uma história que é constituída por vários elementos e atores sociais no seu percurso narrativo, ou mesmo como panorama e paisagem que se vive e que se vê. Segundo Finizio,

> O cenário incide sobre a natureza interna da empresa, sobre a capacidade dessa empresa para renovar-se em uma lógica prefigurativa. É uma espécie de autodeterminação da empresa. De um lado, encontramos o projeto e o possível cenário de referência, que cria as condições para responder às exigências futuras e, de outro, encontra-se parte das respostas pelo resultado imediato do presente. Quem se ocupa de estudar os cenários interpreta as variáveis estratégicas, definidas como "megatrends", úteis para entendermos como será o futuro próximo, que na nossa cultura tende sempre a aproximar, cada vez mais, do presente, por causa da mudança do conceito de tempo [...]. O âmbito de elaboração de "cenários" tornou-se muito importante porque fornece uma série de probabilidades de negócios, como o comportamento, gosto, opiniões etc..., do consumidor e uma série de diretrizes em busca de preparar as empresas para as mudanças. É evidente que as hipóteses estratégicas prospectadas não se verificarão somente em uma direção, e muitas vezes assistimos a paralelismos evidentes. (FINIZIO, 2002, p. 24-30)

Quando nos referimos ao mercado, reafirmamos que, em um passado remoto – antes da globalização de fato (1990) – tudo que se produzia, era facilmente comercializado, uma vez que a demanda era reconhecidamente superior à oferta. Essa época foi definida por vários estudiosos como a do cenário estático.

Hoje, como nunca, é necessária uma capacidade de decodificação e de interpretação dos cenários existentes e futuros por parte de designers e produtores. Lembramos que isso se deve à drástica mudança de cenário, que de estático passou a ser imprevisível e repleto de códigos, ou seja, passou a ser de difícil compreensão. Embora sendo, na verdade, uma fotografia da realidade, na atualidade, com o forte dinamismo, demandas distintas, necessidades e expectativas diversas, tornaram-se grande desafio à decodificação de cenário, mesmo sendo a do cenário existente.[1] O tempo de metabolização das informações também foi drasticamente reduzido, contribuindo, em muito, para a instituição do cenário dinâmico.

Sobre esse argumento, assim discorre Manzini:

> A propósito, descreve Latour: "passamos dos objetos aos projetos, da aplicação à experimentação". Eu, então, completaria, prosseguindo nessa mesma linha de raciocínio, que passamos de um mundo sólido a um fluido, de um mundo pensado e construído sobre a estabilidade dos objetos, àquele cuja verdadeira essência é a variabilidade dos projetos e a dinâmica das interações. (MANZINI, 2004, p. 162)[2]

As empresas da atualidade tendem, portanto, a operar em um cenário cada vez mais mutante e imprevisível, direi, mesmo, cada vez mais híbrido e codificado. Para tanto, é preciso melhor entender os passos necessários para essa decodificação. Nesse sentido, uma solução plausível para esse fim é a aplicação de ferramentas e instrumentos como suporte à pesquisa conceitual de cenários, e dentre elas se destacam o "planejamento de cenários" e a "pesquisa *blue sky*". O planejamento de cenários se estabelece por meio de hipóteses nas quais existem riscos, incertezas, causas e efeitos, bem como as possibilidades reais de cada cenário. Ao efetuarmos a análise de possíveis cenários (normalmente, quatro cenários vêm previamente elaborados), vislumbramos e construímos um mapa mental da realidade vindoura, bem como das consequências e das incertezas a ele intrínsecas. A pesquisa *blue sky,* por sua vez, proporciona-nos um sistema de informações (de acordo com Desserti, ela nos fornece um repertório de sugestões, estímulos, tendências e trajetórias de inovação em busca de orientar a atividade de projeto) que nos leva a *insights* criativos que auxiliam na análise das macrotendências e na construção de novos cenários. Recordamos, como elementos de sustentação ao modelo *blue sky*, as pesquisas etnográficas e iconográficas do território em estudo e, ainda, ferramentas complementares como a pesquisa *survey* (vista como pesquisa ampla), o estudo de caso, o *iceberg,* a coleta bibliográfica, o *benchmark,* a análise mercadológica, o mapeamento de sinais fortes e fracos, entre várias outras ferramentas e instrumentos de suporte oriundos de diferentes âmbitos do conhecimento.[3]

---

[1] Ver: NORMANN, Richard. *Reframing business: when the map changes the landscape.* Baffins Lane, Chichester: John Wiley & Sons, Ltda., 2001.

[2] Ver também: BRANZI, Andrea. *Modernità debole e diffusa.* Milano: Ed. Polidesign, 2004; BAUMAN, Zygmunt. *Liquid modernity.* Oxford: Polity Press Cambridge/ Blackwell Publishers, 2000, e *La società dell'incertezza.* Bologna: Ed. Il Mulino, 1999 (do mesmo autor).

[3] Ver: MORACE, Francesco. *Metatendenze: percorsi, prodotti e progetti per il terzo millennio.* Milano: Sperling & Kupfer Editori, 1996.
CELASCHI, Flaviano; DESSERTI, Alessandro. *Design e innovazione: strumenti e pratiche per la ricerca applicata.* Roma: Carocci Editore, 2007.
CAUTELA, Cabirio et al. *Strumenti di design management.* Milano: Franco Angeli Editore, 2007.
VAN DER HEIJDEN, Kees. *Planejamento de cenários: a arte da conversação estratégica.* Porto Alegre: Bookman, 2006.
BABBIE, Earl. *Métodos de pesquisa survey.* Belo Horizonte: Ed. UFMG, 2001.

B. VISÃO:

A visão é um cenário que começa a se delinear, que inicia a se mostrar de forma mais explícita contendo uma ou várias hipóteses projetuais. Dentro da visão existe sempre a demonstração de potencialidade projetual e de uma hipótese de trabalho a ser desenvolvida, isto é, o *concept*. A visão pode vir decodificada por meio de fatores demográficos, atitudes dos consumidores, estilo de vida, preferências relativas aos benefícios do produto, sensibilidade ao preço, fatores de decisão de compra, novas modalidades e tipologias de uso dos produtos, dentre outros, que compõe as nuanças de um cenário.

Para configurar uma visão, a partir de um cenário existente ou futuro, o designer deve ter a capacidade de reconhecer os vínculos e visualizar sobre as possibilidades e as oportunidades presentes no cenário. A visão se articula sempre por meio da interação entre a pesquisa e as reais possibilidades de execução, isto é, as chances de que o produto venha ser produzido de forma competitiva dentro do mercado em que atuará. Considera-se; de igual forma, na visão, as possibilidades tecnológicas e fabris, bem como as interações com o desejo, os valores e as aspirações do usuário. Por isso mesmo, já na fase de definição da visão, aparece o *briefing* (que define os objetivos do projeto) e, muitas vezes, o *contrabriefing* (que define com mais precisão os objetivos a partir da evolução da análise metaprojetual) com o perfil do consumidor existente ou do futuro consumidor esperado.

Conforme anteriormente visto na definição de cenário, a visão como exposta por Manzini e Jégou é a componente mais específica dentro da arquitetura de um cenário. A visão responde questões do tipo: "Como seria o mundo se...?" A visão deve ser uma imagem mais focada de um contexto, caso o cenário previsto seja instaurado; pode ser um mote para o projeto ou mesmo um tema genérico a ser trabalhado. Por fim, a visão é o que aspiramos ser no futuro e serve como rumo geral para a definição das metas do projeto.

C. CONCEITO *(CONCEPT):*

Para o metaprojeto, o *concept* é uma possibilidade projetual que nasce dentro das possibilidades encontradas por meio da visão, na qual é bem mais clara a ideia em termos de informações sobre o produto como: acabamento, cor, textura, materiais ou outras informações importantes para conformar mais precisamente o desenvolvimento do produto final; não se trata de um projeto ainda definitivo, nem tampouco do projeto executivo, é mais uma etapa do design em que são previstos ainda outros passos sucessivos. Por isso mesmo, normalmente sempre é apontada mais de uma visão possível até a definição precisa de um único *concept*.

O *concept* final, deve ser claramente identificado na proposta projetual e deve ser demonstrado como uma síntese do projeto a ser seguido. A importância do concept consiste na inovação da proposta em relação à concorrência e na diferenciação tendo em vista a necessidade do consumidor. Para a definição do *concept* final deve ser utilizado o mínimo de informações possíveis. O *concept* pode ser demonstrado por meio de uma frase e/ou imagem, ou mesmo como aponta Trocchianesi o concept final pode ser demonstrado por meio de um slogan.

Para melhor entendimento da definição conceitual de cenário, visão e *concept*, até aqui debatida, darei como exemplo narrativo dois temas de projeto que utilizamos com nossos alunos no curso de design de produtos na Escola de Design da Universidade do Estado de Minas Gerais – UEMG. Nessa oportunidade, induzimos os alunos à leitura de dois livros de conteúdos bastante opostos: tratava-se de *Tuareg,* do espanhol Alberto Vázquez Figueroa, cujo enredo se desenvolve em um deserto, e de *Cem dias entre o céu e o mar,* do velejador brasileiro Amyr Klink, cuja história real se desenvolve no mar. Nessas duas situações distintas, o cenário existente era de fácil identificação, pois se tratava explicitamente do "deserto" e do "mar". Por se tratar de ambientes extremos, que exigem muito cuidado com a preservação da vida, os alunos foram, portanto, provocados a conceber e propor objetos/utensílios que poderiam auxiliar a vida dos dois protagonistas dos livros em busca de facilitar as tarefas e os desafios por eles encontrados (narrados no livro), explorando ao máximo a potencialidades do design. Nesse caso, a partir de dois "cenários reais existentes", "viver no deserto" e "longa permanência no mar", as possíveis visões apresentadas pelos nossos alunos foram: "containers para água e alimento", "vestimentas para ambientes extremos"; "ferramentas e utensílios de auxílio e defesa pessoal" que determinaram por vez os seguintes *concepts* para o desenvolvimento dos projetos finais: "embalagens para água e comida"; "kits de facas"; "cantil térmico"; "Kits de ferramentas"; "vestimentas térmicas"; "instrumentos de orientação e de comunicação movidos à energia solar"; "óculos de sol e de mergulho"; "Kit SOS"; "sapatos e tênis térmicos" dentre várias outras possibilidades projetuais apresentadas. Tudo isso, deve ser recordado, a partir apenas de dois livros que narram a experiência de duas pessoas em ambientes extremos e opostos, o que nos leva a perceber a riqueza dessa ferramenta como instrumento possível de auxílio aos designers e empresas, para a definição diferenciada de novos produtos tendo o "cenário", a "visão" e o *concept* como possíveis modelos de apoio.

■ APLICAÇÃO PRÁTICA DO METAPROJETO
CENÁRIO / VISÃO / *CONCEPT*

Para definir o cenário, a visão e o concept do projeto em estudo, o caminho está na chave interpretativa encontrada na sequência:

CENÁRIO (por meio de narrações descritivas, ilustrações, filmes etc.)

↓

VISÃO (mapa projetual descritivo e gráfico)

↓

CONCEPT (conceito sintético)

Identidade

A identidade se obtém por meio de uma real e coerente integração entre produto, produção, comunicação e comercialização. Esse conjunto de ações faz com que uma empresa passe de uma posição defensiva a uma posição diferenciada (de destaque), dentro de um mercado que demonstra estar saturado, imprevisível e globalizado.

Qual a identidade da empresa produtora em estudo ou em análise? Pesquise ou determine sobre o perfil da empresa que produz ou produzirá o produto. Verifique se trata-se de uma empresa conservadora, inovadora, de vanguarda, agressiva ou passiva do ponto de vista competitivo e mercadológico e se essa empresa é promotora ou seguidora de tendência dentro do mercado em que atua.

IDENTIDADE

A identidade se obtém por meio de uma real e coerente integração entre **produto, produção, vendas e comunicação**. Esse conjunto de ações faz com que uma empresa ou grupos de empresas passe da **posição defensiva** à **posição diferenciada** (de destaque), dentro de um mercado que demonstra ser competitivo, imprevisível e global.

APLICAÇÃO PRÁTICA DO METAPROJETO
IDENTIDADE

Qual a identidade da empresa produtora em estudo ou em análise? Determine o perfil da empresa que produz ou produzirá o bem (produto), preenchendo o quadro analítico a seguir e, na sequência, apresente gráfico/torta com os resultados obtidos.

QUADRO IDENTIDADE DA EMPRESA

EMPRESA	SIM	NÃO
CONSERVADORA		x
INOVADORA	x	
VANGUARDA	x	
AGRESSIVA	x	
PASSIVA		x
FAZ TENDÊNCIAS	x	
SEGUE TENDÊNCIAS		x
OUTROS (EXPLICAR)	NÃO SE APLICA	NÃO SE APLICA

QUADRO SIMULANDO A IDENTIDADE DA EMPRESA EM ESTUDO

Missão

A missão define o caráter permanente de uma instituição, é o escopo pelo qual uma empresa surge ou nasce e permite-nos saber quem somos. Por isso mesmo a missão é o motivo da existência da própria empresa. Uma missão nasce sempre de uma ideia inicial, de uma intuição de produto e de mercado, ou de uma iniciativa empreendedora, e deve se apresentar como uma identidade coerente que transcende os ciclos de vida dos produtos ou mercados e avanços tecnológicos. A missão deve ser constantemente alimentada para não cancelar os traços da ideia inicial que justificou o seu surgimento, para que a empresa não perca a coerência e nem negue a lógica que estimulou sua construção, pois é essa lógica que orienta e inspira os atores envolvidos com a instituição. Uma empresa é uma estrutura organizada com a finalidade de cumprir um objetivo predeterminado, mas pode, sim, mudar seu foco de atuação, devendo, nesse caso, mudar também todas as suas referências originais para adaptá-las ao novo formato proposto, pois o desenvolvimento de um produto deve ser coerente com a missão da própria empresa, com seu posicionamento estratégico e com sua realidade mercadológica.

Como pode ser percebido, por meio do esquema apresentado acima , o produto é uma consequência da pesquisa, que é consequência do planejamento estratégico, que é consequência do posicionamento estratégico que, por fim, é uma consequência da missão. A missão, no entanto, orienta o posicionamento estratégico, que orienta o planejamento estratégico, que orienta a pesquisa, que por vez orienta o produto.

APLICAÇÃO PRÁTICA DO METAPROJETO
MISSÃO

Descreva qual é a missão determinada para a empresa que irá desenvolver, produzir e comercializar o produto objeto do projeto.

Posicionamento estratégico

O marketing nas empresas faz um papel intermediário entre o início e o final do desenvolvimento de novos produtos. Para tanto, o posicionamento mercadológico e o público-alvo (target) da empresa produtora, os objetivos que se pretendem alcançar com o novo produto e o percentual de aumento de vendas desejado devem ser definidos pelo marketing. Se a intenção é o de melhorar a imagem da empresa, combater um concorrente específico ou abrir novos mercados, tudo isso deve ser analisado pelo marketing em busca de conter, o quanto possível, os erros e acertos no desenvolvimento de novos produtos. Como sabemos, toda empresa vive hoje o conflito entre a facilidade da padronização produtiva e a exigência de uma constante diferenciação da sua produção industrial. O uso estratégico do design dentro da estratégia de marketing das empresas sugere que o posicionamento da empresa no mercado atuante seja previamente determinado. Em linguagem simples e direta, por posicionamento estratégico entende-se a posição (colocação) que uma empresa, ou grupo de empresas, pretende ocupar dentro do mercado, pois é função do posicionamento estratégico definir a faixa de mercado em que a empresa em estudo atua ou pretende atuar.

APLICAÇÃO PRÁTICA DO METAPROJETO
POSICIONAMENTO ESTRATÉGICO

Marque com um "X" no quadro a seguir qual é a faixa de mercado em que a empresa em estudo atua ou se propõe atuar.

QUADRO POSICIONAMENTO ESTRATÉGICO DA EMPRESA

QUADRO SIMULANDO
O POSICIONAMENTO ESTRATÉGICO
DA EMPRESA EM ESTUDO

SEGMENTAÇÃO DE MERCADO

Por segmentação de mercado entende-se a subdivisão de um mercado em grupos homogêneos e significativos de clientes (nichos) em que cada grupo pode ser selecionado com um objetivo mercadológico. Normalmente, a segmentação de mercado é feita tendo por base os fatores econômicos em relação aos quais o consumidor é classificado por faixa alta, média ou baixa, mesmo que, com a facilidade produtiva, o preço dos produtos industriais tenha sido drasticamente reduzido, a divisão por faixas de consumidores permanece ainda como uma referência de mercado. Mesmo havendo uma tendência de aproximação entre as classes de base, na faixa de consumo "A" e "AA" esse fenômeno não ocorreu, ao contrário, essas classes tendem sempre a se distanciar das demais.

As variáveis de segmentação de mercado podem, no entanto, apresentar-se mais amplas e variadas. De acordo com Alessandro Deserti,

> As variáveis de segmentação de mercado podem apresentar aspectos demográficos, econômicos e sociais dos consumidores e, de igual forma, características ligadas a situações específicas de consumo. A escolha de como empregar as variáveis é obviamente condicionada às informações disponíveis. As variáveis de segmentação de mercado podem ser definidas por tipologias homogêneas de dados, como segue:
>
> A. variável geográfica: país, região, cidade, área geográfica – como zona urbana, semiurbana e rural –, clima e zona altimétrica;

B. variável demográfica: sexo, idade, estado civil, dimensão do núcleo familiar, raça, religião;

C. variável econômica: renda, atividade econômica e atividade profissional;

D. variável social: grau de instrução, classe social e infraestrutura social;

E. variável psicográfica: estilo de vida, personalidade – que, depois, é segmentada e especificada como perfis;

F. variável comportamental: fidelidade às marcas, intenção de compra e atributos que esperam de um produto.

A segmentação é, portanto, um fenômeno típico de mercados mais maduros, caracterizados por um amplo conjunto de consumidores que formam os nichos de mercado. (DESERTI, 2001, p. 130)

Entre os objetivos do marketing, permanece então o de aproximar os produtos às necessidades e desejos dos consumidores. Mesmo que na atualidade os consumidores sejam de difícil reconhecimento e individualização.

A. MERCADO INDIFERENCIADO

O mercado indiferenciado é composto por um elevado número de consumidores que não são distinguidos por características próprias. A qualidade é padronizada e predomina a economia de custo.

B. MERCADO SEGMENTADO

BLOCO DE MERCADO INDIFERENCIADO

Diagrama de Gino Finizio

O mercado segmentado é composto por segmentos diferenciados, contendo exigências diversificadas e ofertas distintas de produtos para cada faixa de consumidores.

Quanto mais se sobe ao pico da pirâmide, mais aumenta a tecnologia e, por consequência,

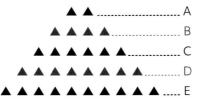

PIRÂMIDE DE SEGMENTAÇÃO DO MERCADO POR CLASSE

Diagrama de Gino Finizio

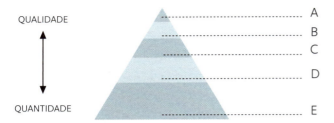

CONSUMO DE MASSA
Diagrama de Gino Finizio

menor é a concorrência, pois o consumo no ápice da pirâmide é mais limitado. Quanto mais se desce à base da pirâmide, mais aumenta a concorrência e a quantidade de consumidores, pois o consumo quantitativo na base da pirâmide é mais ampliado.

C. ESCALA DE HIERARQUIA DAS NECESSIDADES HUMANAS

A primeira necessidade humana é a fisiológica (saúde e alimentação), seguida da segurança (moradia), da necessidade de participação social (pertencer a um grupo social), da necessidade de estima (sentir-se valorizado) e da autorrealização (profissional e social).

PIRÂMIDE DE MASLOW
Diagrama de Gino Finizio

Normalmente, as pessoas procuram um produto, em primeiro lugar, para que resolva um problema funcional específico e, em segundo lugar, pelas suas qualidades estéticas, de identidade, de exclusividade; por proporcionar reconhecimento social etc. Embora hoje, cada vez mais, os consumidores busquem mais de uma dessas características, de forma simultânea, em um mesmo produto.

Uma empresa é por si mesma repleta de vínculos; muitas vezes, deixa de fazer a melhor escolha para fazer a escolha mais conveniente diante de suas próprias possibilidades de investimento, produção e mercado. Mas, para o marketing, um valor absoluto é chegar primeiro no mercado com um novo produto.

Para se posicionar no mercado, deve se levar em conta o cenário e o território competitivo existente, os vínculos e os limites das possíveis oportunidades e, ainda, a realidade da concorrência. Como vimos no início do texto, por posicionamento estratégico entende-se a posição (colocação) que uma empresa pretende ocupar dentro do mercado, desfrutando das suas vantagens competitivas, em respeito ao concorrente, e da sua imagem em relação ao consumidor.

Sistema produto/design

O conceito de sistema produto[1] está muito próximo dos conceitos do design estratégico, ou melhor, é a sua própria ampliação, uma vez que o design estratégico propõe trabalhar no âmbito da ideia/*concept* e não prosseguir com a parte operativa voltada para os aspectos tecno-produtivos do projeto, enquanto o sistema produto se envolve com todas as fases, de forma compressiva, propondo operar do projeto do produto ao projeto do serviço.

> Segundo Ezio Manzini, o design que tem como objeto o sistema produto se qualifica então como "estratégico" próprio, porque esse sistema é a materialização da estratégia da empresa. Para Manzini o design estratégico nasce com a crise do paradigma do produto e se desenvolve com o emergir do *paradigma das interações*. O sistema produto é um artefato complexo, flexível e interativo que constitui a interface entre empresa, cliente e sociedade. O design estratégico inova, então, o sistema produto por meio da reconfiguração dessas interfaces. (ZURLO, 2004, p. 132)

Pode-se, então, entender o sistema produto como a aplicação global do conceito de design de forma ampla e participativa, aquilo que Celaschi denomina de "quadrifólio dos atores" (produto, comunicação, distribuição e serviço), e tudo isso requer mesmo uma estratégia que, nas palavras de Edgar Morin, "é a arte de utilizar as informações que se produzem nas ações". Por isso, apresento minha proposta de ampliação aqui do conceito de sistema produto para o de sistema produto/design, ficando o termo, neste livro, doravante tratado como sistema produto/design.

O modelo convencional de desenvolvimento de novos produtos, serviços e imagens gráficas, da forma até então conhecida, se tornou limitado pela rapidez de mutação para o cenário dinâmico. Por outro lado, o âmbito mercadológico e a lógica de desenvolvimento de novos produtos chegaram a tal grau de complexidade, que os modelos que a guiavam tornaram-se insuficientes e, até mesmo, obsoletos. É importante notar que os novos suportes, que buscam conferir sucesso a um novo produto, têm de igual forma, no design, uma atividade aplicada de maneira sistêmica e não somente como atividade que considera os fatores objetivos inerentes à pratica projetual. Hoje, propõe-se a projetar não somente o tão debatido binômio forma-função, mas outras qualidades que vão além da concepção do produto, mas também, por exemplo, a concepção de sentido *(sensemaking)* e a qualidade percebida. Por isso mesmo, convivemos com várias tentativas de aproximação e alternativas distintas para a solução das dificuldades inerentes ao projeto contemporâneo, e, dentre elas, destacamos o termo *design driven* que se coloca como uma estratégia de inovação e de diferenciação do produto na qual o design é colocado ao centro do desenvolvimento do produto pela empresa, justamente pelo seu caráter agregador e mediador entre a cultura produtiva e a cultura mercadológica.

---

[1]Segundo Celaschi, "a definição de sistema produto é fruto de um intenso trabalho de pesquisa e formação conduzida dentro do Politecnico di Milano por meio da unidade de pesquisa coordenada por Ezio Manzini e com a contribuição de Alberto Seassaro, Francesco Mauri, Stefano Maffei e Francesco Zurlo, durante a idealização e desenvolvimento do perfil profissional de um designer estratégico". CELASCHI, Flaviano; DESERTI, Alessandro. *Design e innovazione: strumenti e pratiche per la ricerca applicata*. Roma: Carocci editore, 2007. p. 16.

Dentro do conceito de sistema produto/design, o produto, a comunicação, a distribuição e o serviço têm o mesmo peso e importância. Nesse sentido, o designer é provocado a conceber (ou, pelo menos, participar do processo de concepção) a forma do produto, a forma da comunicação e a forma da distribuição. De acordo com Deserti,

> A ideia que um produto não seja simplesmente um bem material, mas que possua um conjunto de características imateriais, leva ao desenvolvimento do conceito de sistema produto. Para sintetizar as definições de vários autores, o sistema produto representa o conjunto de características materiais e imateriais associadas. (DESERTI, 2001, p. 156)[2]

Assim, temos o produto como um meio mensagem, por ser um instrumento capaz de transmitir a sua própria personalidade.

O conceito de sistema produto/design, a partir dos anos 1990, veio para redefinir as modalidades operativas do design no âmbito da cultura do projeto e das novas relações dessa atividade. A proposta do sistema produto/design diz respeito também ao conjunto das características imateriais e intangíveis que vão além dos aspectos formais que é o tradicional âmbito de trabalho dos designers. Mas é importante ressaltar a sutil separação (apesar do aspecto físico aparente) existente entre as questões materiais e imateriais de um produto, uma vez que as ações de um interferem significativamente no âmbito do outro. Podemos, então, definir o sistema produto/design como o estudo dos atributos existentes no âmbito físico, do serviço, da comunicação e dos valores imateriais de um produto, estando aqui também inseridas as condições de pagamento efetuado pelo cliente e a assistência de pós-venda por parte da empresa.

É reconhecido o caráter multi e transdiciplinar da atividade de design – na verdade, a promoção de diferentes atores em busca de resolução de problemas comuns, inerentes à pratica projetual, até a busca de modelos e instrumentos de gestão da complexidade em que o sistema produto/design se posiciona como estratégico. Na verdade, o sistema produto/design pode também ser entendido como instrumento que opera no âmbito do sistema das relações, pois, no mercado atual, melhor se posicionará uma empresa que souber comunicar-se com o cliente, que for capaz de construir relações e realizar cortes transversais, bem como costuras inéditas.

Na verdade, o conceito de sistema produto não é novo como proposta, mas hoje se apresenta de forma mais madura. Em seus estudos, assim discorre Francesco Zurlo sobre o tema, afirmando-nos que o sistema produto faz parte de uma vasta gama de antídotos citando o seu percurso evolutivo:

> Um antídoto eficaz, segundo Theodore Levitt, é o conceito de *produto ampliado* (1980), uma série de ofertas da empresa na qual existe um produto como tal (um produto genérico: por exemplo, a Singer que oferece suas máquinas de costura), mais os serviços esperados pelos clientes (produtos esperados: a

---

[2] Ver também: CELASCHI, Flaviano. *Il design della forma merce: valori, bisogni e merceologia contemporanea.* Milano: Ed. Il Sole 24 Ore/ Polidesign, 2000, e MAURI, Francesco. *Progettare progettando strategia: il design del sistema prodotto.* Milano: Ed. Dunod, 1996.

Singer oferece garantia, manutenção e facilidades de pagamento), mais os serviços com que os clientes não esperavam contar (produtos ampliados: a Singer oferece cursos de treinamento e demonstrações de melhor uso da máquina) [...] No marketing existe quem tente um sincretismo com a operacionalização e a essência do design: Kotler e Rath (1984) propunham, como no modelo do marketing mix, um design mix que busca um equilíbrio entre o benefício para a empresa e a satisfação para o cliente, trabalhando sobre a forma, a funcionalidade, a eficácia e a durabilidade do produto, o ambiente, a imagem e a comunicação (o sistema produto). O design integrado na estratégia de marketing, permite conseguir uma qualidade total em todas as formas de contato entre empresa e cliente [...]. Uma dimensão similar à proposta por Dorfles (1972) que fala de *Total Design*, com uma posição de design central na organização e estratégia da empresa [...]. O sistema produto para Mauri (1996) é um verdadeiro e próprio objeto de troca social, próximo à essência do homem, que é um ser de relações e de atitudes recíprocas com os outros. O sistema produto, desse ponto de vista, torna-se um verdadeiro e próprio meio de relações sociais. Para Manzini (1999), o sistema produto é um conjunto integrado de produtos, serviços e comunicações com os quais uma empresa se apresenta no mercado, se coloca na sociedade e dá forma à sua própria estratégia. (ZURLO, 2004, p. 130-131)

2. SISTEMA PRODUTO/DESIGN

O PRODUTO DEIXA DE SER VISTO COMO ELEMENTO ISOLADO, PASSANDO A SER PARTE DE UM SISTEMA CIRCUNDANTE.

O conceito de **sistema produto** ou **sistema design** é semelhante aos conceitos do **design estratégico,** em que o design não é visto somente como uma atividade projetual, mas considerado de forma dinâmica e complexa por meio da estreita interação entre **produto, comunicação, mercado e serviço.**

QUADRO SINTÉTICO DO SISTEMA PRODUTO/DESIGN

Diante desses conceitos apresentados, deverá ser feita uma análise sobre o produto em estudo *(concept ou diagnose)*, considerando, de forma ampliada, os pilares que compõem o sistema produto/design, isto é, o produto, a comunicação, a distribuição e o serviço.

FIGURA DO CICLO SISTEMA PRODUTO/DESIGN AMPLIADO

APLICAÇÃO PRÁTICA DO METAPROJETO
SISTEMA PRODUTO/DESIGN

Analise a coerência entre o design do produto proposto/existente com as formas de divulgação desse produto para o mercado consumidor (comunicação), e também os pontos de vendas existentes (distribuição).

Por coerência, entende-se a existência, de forma simultânea, de mesmos signos e ícones nas três direções apontadas (produto, comunicação e distribuição) que busquem, estrategicamente, promover uma identidade por meio de unidade formal, harmonia visual, lógica entre as partes, e conexão entre as mensagens transmitidas como características intrínsecas do sistema produto/design.

A. UNIDADE FORMAL:
Existe uma unidade formal entre o design do produto, as formas de divulgação e os pontos de venda?

B. HARMONIA VISUAL:
Existem harmonia e unidade visual entre produto, comunicação e serviço? Existe a presença de ícones, signos que busquem uma identidade visual de forma corporativa?

C. COERÊNCIA ENTRE AS PARTES:
Existe apresentação clara de uma real coerência entre as partes (produto, comunicação e distribuição).

D. MENSAGEM PERCEBIDA:
Há coerência na relação mensagem percebida (significado) entre produto, serviço, comunicação e distribuição? Esses itens aparecem de maneira coletivamente integrada e circundante?

Componha tabela e gráfico comparativo do produto em estudo, tendo como referência a coerência existente entre estrutura física e embalagem (produto), catálogos, anúncios publicitários e home page (comunicação), apresentação em lojas, show-roons e feiras (distribuição), em que se veja presente unidade formal, harmonia visual, coerência entre as partes e a mensagem percebida (clareza na comunicação, significado da mensagem).

Responda, na tabela comparativa, com "SIM, PARCIAL ou NÃO" e, na sequência, elabore um gráfico comparativo dos resultados obtidos.

CARACTERÍSTICAS	UNIDADE FORMAL	HARMONIA VISUAL	COERÊNCIA ENTRE PARTES	MENSAGEM PERCEBIDA
PRODUTO				
► CD-BOX ► EMBALAGEM	NÃO	NÃO	NÃO	NÃO
COMUNICAÇÃO				
► CATÁLOGOS ► ANÚNCIOS PUBLICITÁRIOS ► HOME PAGE	PARCIAL	PARCIAL	NÃO	NÃO
DISTRIBUIÇÃO				
► LOJAS ► SHOW-ROOM ► FEIRAS	PARCIAL	NÃO	NÃO	NÃO

TABELA COMPARATIVA

Tabela comparativa simulando a coerência existente no sistema produto/design.

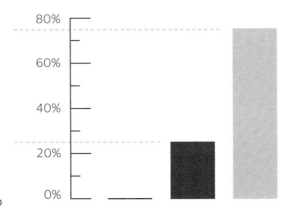

GRÁFICO COMPARATIVO

Gráfico comparativo simulando a coerência existente no Sistema produto/design.

0% EXISTE COERÊNCIA   25% COERÊNCIA PARCIAL   75% NÃO EXISTE COERÊNCIA

Design e sustentabilidade socioambiental

A partir dos anos 1990, as questões relativas à sustentabilidade ambiental passaram a ser consideradas de grande importância para o planeta, fazendo com que a reflexão sobre o tema fosse disseminada por meio de diferentes âmbitos do conhecimento, com interesses e enfoques distintos. A abordagem atual sobre a tríade produção, consumo e meio ambiente se intensifica de maneira significativa quando passamos a considerar a relação entre a evolução tecnológica (em rápida disseminação), as matérias-primas (de livre circulação) e o fenômeno da globalização (entenda-se o aumento produtivo e mercadológico em diferentes partes do planeta).

De acordo com Manzini:

> [...] a capacidade do homem para manipular materiais e informações nunca foi tão profunda e vasta como na atualidade, mas o resultado, como um todo, é a produção de um ambiente artificial, cada vez mais parecido com uma "segunda natureza", no qual as leis ainda não nos parecem claras, mas misteriosas. Tudo isso, nos induz a uma revisão sobre o mundo artificial ao inserir na cultura do projeto e na cultura industrial alguns fundamentos para reflexão. (MANZINI, 1990, p. 50)

Nesse sentido, uma tentativa de aproximação seria inserir o debate sobre a sustentabilidade socioambiental de forma proativa para os consumidores, reconhecendo estes como partícipes incontestes dos resultados que hoje se conhecem no que tange ao impacto ambiental. Muito se tem feito nos dias atuais para sensibilizar os consumidores a rejeitarem os produtos provenientes de produções poluentes. De igual forma, grandes esforços foram despendidos em busca da disseminação de um consumo consciente. Por último, muito está sendo feito em busca do controle dos descartes, após o uso, dos bens semiduráveis e de consumo diário doméstico.

Porém, deve ser reconhecido que o atual estágio em que se encontra a indústria mundial – entenda-se a rápida disseminação produtiva e o aumento significativo do número de consumidores – exige o empreendimento de outras ações em busca da preservação sustentável do meio ambiente. Devem ser implementadas ações à luz do aumento do consumo por parte da população dos *Newly Industrialized Countries – NICs* e, em particular, dos países que compõem o leste do planeta (como os asiáticos China, Coreia e Singapura) e o sul (como os latinos Brasil, Argentina e México) que se tornaram novos produtores industriais. Não se pode desprezar, no entanto, que a produção industrial, dentro do projeto de modernidade então vivido, tenha se tornado um dos maiores problemas para a sustentabilidade ambiental do século XXI, pois o processo de modernização no século XX tornou-se sinônimo de industrialização. Medidas cabíveis não foram previamente introduzidas no projeto moderno do século XX, no sentido de contornar as consequências que o desenvolvimento trazia intrínseco a si mesmo.

No que se refere aos requisitos ambientais aplicados ao modelo metaprojetual, alguns aspectos devem ser considerados como parte do conteúdo analítico dessa disciplina. Parece consenso, na atualidade, dentro das disciplinas que compõem as ciências sociais aplicadas, a preocupação com a questão ambiental e possível contribuição de cada ator social que a constitui. Temos hoje, portanto, estudos sobre a sustentabilidade ambiental, provenientes de diferentes fontes e ciências diversas, como atesta o semiólogo Massimo Bonfantini ao dizer:

> [...] pode-se, todavia, insistir que hoje o nosso ambiente é composto essencialmente por território, colonizado e transformado no bem e no mal pelos homens, pelas suas atividades, pelas suas mercadorias e mercados, pelas suas indústrias e maquinários, pelos seus descartes que, de certa forma, são mais ou menos poluentes, desejada ou involuntariamente, mas fruto da colonização humana. Enfim, o mundo inteiro é feito de artefatos. (BONFATINI, 2000, p. 9)

PRODUTO ECOEFICIENTE

Pode-se, todavia, insistir que hoje o nosso ambiente é composto essencialmente por território, colonizado e transformado no bem e no mal pelos homens, pelas suas atividades, pelas suas mercadorias e mercados, pelas suas indústrias e maquinários, pelos seus descartes que de certa forma são mais e/ou menos poluentes, seja de maneira desejada ou involuntária, mas fruto da colonização humana. Enfim, **o mundo inteiro é feito de artefato.**

M. Bonfatini

QUADRO SINTÉTICO SOBRE PRODUTO ECOEFICIENTE

Porém, se, ao longo dos tempos, o mundo contemporâneo foi caracterizado por artefatos e produtos industriais, que de certa forma o completaram, deve-se reconhecer que o destino final dos descartes e dos desmontes, fruto da evolução produtiva industrial, não foi igualmente considerado. O resultado do processo de modernização mundial, ao lado das benesses proporcionadas, gerou grandes problemas para a humanidade do século XXI. Como o legado moderno permanece, por meio da evolução tecnológica e pela rápida disseminação produtiva por diferentes partes do planeta, medidas urgem como necessárias em busca da manutenção, em patamar aceitável, do progresso mundial por meio do binômio desenvolvimento industrial e meio ambiente.

Mas o projeto moderno, de previsível controle sobre o destino da humanidade, em busca de uma vida melhor, parece não ter conseguido cumprir sua missão a contento. O sonho de um "mundo moderno", seguindo uma lógica clara e objetiva preestabelecida de que todas as pessoas (ou grande parte delas) teriam acesso a uma vida mais digna e feliz por meio da indústria e da tecnologia, deixa, hoje, transparecer as suas imperfeições. Uma das deficiências é não ter previsto os efeitos e consequências da produção em larga escala industrial para o meio ambiente circundante. Observa-se que, nos dias atuais, devido à rápida disseminação produtiva pelo planeta, o problema ambiental e o descontrole da natureza deixaram de ter ênfase local, alcançando diferentes localizações, independentemente de suas posições geográficas e territoriais.

3. DESIGN E SUSTENTABILIDADE SOCIOAMBIENTAL

A capacidade do homem para manipular materiais e informações nunca foi tão profunda e vasta como na atualidade, mas o resultado, como um todo, é a produção de um ambiente artificial cada vez mais parecido com uma **"segunda natureza"**, no qual as leis ainda não nos parecem claras, mas misteriosas. Tudo isso nos induz a uma revisão sobre o mundo artificial ao inserir na **cultura do projeto** e na **cultura industrial**, alguns **fundamentos para reflexão**.

Ezio Manzini

QUADRO SINTÉTICO
DESIGN E SUSTENTABILIDADE
SOCIOAMBIENTAL

Essa nova realidade, portanto, colocou em cheque a lógica objetiva e linear moderna, expondo que os consumidores não foram chamados como partícipes do destino do mundo industrial, mesmo sendo os usuários dos objetos descartáveis e dos bens não duráveis. Tudo isso acontece porque, no projeto moderno de grande controle e ordenação previsível, não foi considerada a educação ambiental e, tampouco, a conscientização ecológica de forma sistemática e coletiva. Portanto, é mister reconhecer que os cidadãos modernos não foram educados e preparados para viverem em cenário diferente daquele que o progresso acelerado prefigurou. No cenário do século XX, prevalecia a abundância de recursos não renováveis e o consumo descontrolado sempre incentivado pela máquina propagandista, também este fruto do projeto moderno do século passado. O debate sobre a escassez de recursos naturais, a previsão de impacto ambiental, o controle do consumo de bens não renováveis e o descarte consciente não fizeram parte das disciplinas que construíram a solidez moderna.

O tema design e sustentabilidade ambiental ganhou cada vez mais espaço nos debates e nas pesquisas aplicadas dentro do binômio design e produção. Sobre isso, discorre Manzini e Vezzoli:

> De fato, o desenvolvimento de *produtos limpos* pode requerer tecnologias limpas, mas certamente requer uma nova capacidade de design (de fato, é possível chegar a produtos limpos mesmo sem muitas sofisticações tecnológicas) [...] dentro deste quadro geral de referência, o papel do *design industrial* pode ser sintetizado como a atividade que, ligando o tecnicamente possível com o ecologicamente necessário, faz nascer novas propostas que sejam social e culturalmente apreciáveis. (MANZINI; VEZZOLI, 2002, p. 19-20)

Mas, no decorrer dos tempos, a questão ambiental foi se alargando e deixando também de considerar apenas os fatores técnicos objetivos da produção, passando à arena mais complexa de propor um novo comportamento humano e um novo estilo de vida para os cidadãos.

Historicamente, em uma primeira fase relativa às questões ambientais, a postura foi a prática da busca do "remédio para o dano", passando a seguir para uma fase mais preventiva de busca pelo controle da poluição causada pelo processo desenvolvimentista moderno antes de chegar a uma fase de desenvolvimento de produtos de baixo impacto ambiental. Até alcançarmos a fase mais recente e madura da busca por modelos de consumo sustentáveis (o que se prefigura como a mais complexa por envolver diversos atores sociais). No que tange ao âmbito projetual, esse conceito de modelo sustentável se desdobra, portanto, por meio da inserção do hábito de prever, de forma sistêmica e antecipada, ainda durante as etapas de geração das alternativas projetuais, coordenadas e linhas guias que promoveriam uma relação desejável entre projeto, produção, e o fim de vida do produto, prevendo por consequência sua reutilização e reciclagem, ou seja: projetar o ciclo de vida inteiro do produto. *(Life Cycle Design – LCD)*

> Com a expressão *Life Cycle Design* entende-se, de fato, uma maneira de conceber o desenvolvimento de novos produtos tendo como objetivo que, durante todas as suas fases de projeto, sejam consideradas as possíveis implicações ambientais ligadas às fases do próprio ciclo de vida do produto (pré-produção, produção, distribuição, uso e descarte) buscando, assim, minimizar todos os efeitos negativos possíveis. (MANZINI; VEZZOLI, 2002, p. 23)

PRODUTO ECOSSUSTENTÁVEL

O desenvolvimento de **produtos limpos** pode requerer também a existência de **tecnologias limpas,** mas requer certamente uma **nova capacidade projetual** (é possível mesmo, chegar a produtos limpos sem especiais sofisticações tecnológicas). Dentro desse quadro destaca-se o papel do design que pode ser sintetizado como a atividade que une o **tecnicamente possível com o ecologicamente necessário,** promovendo novas propostas social e culturalmente apreciáveis.

Manzini e Vezzoli

QUADRO SINTÉTICO SOBRE PRODUTO ECOSSUSTENTÁVEL

A partir dos anos 1960, quando surgiram as primeiras manifestações contrárias à contaminação do meio ambiente, até os anos 1990, quando o debate se afirmou de forma mais madura e consistente (com métodos e instrumentos mais precisos de avaliação) sobre o desenvolvimento e o consumo sustentável, o design se inseriu no desafio desse tema justamente por seu papel de protagonista dentro da trilogia: ambiente, produção e consumo. Recorde-se que o conceito de consumo sustentável requer alterações do modelo de vida e de bem-estar, até então em prática, para que se possa regenerar o próprio tecido social, principalmente nos países mais ricos e industrializados do planeta, cujo crescimento do impacto ambiental é diretamente proporcional ao aumento do consumo de produtos e energia por parte dos consumidores e produtores. Segundo Aguinaldo dos Santos, "A sustentabilidade requer um processo de reposicionamento dos modos de vida da sociedade e isso implica um processo de aprendizado coletivo que é, por natureza, lento e complexo" (SANTOS, 2009, p. 13). A necessidade de alteração desse modelo de consumo e de estilo de vida abriu uma nova dimensão para a disciplina do design e norteou, por consequência, grandes reflexões dentro da cultura do projeto que passou a inserir, dentro do processo de concepção de novos produtos, importantes variáveis como: utilização de materiais e processos de baixo impacto ambiental; consideração do ciclo de vida inteiro do produto e, por fim, a possibilidade de se ter o design orientado para a sustentabilidade ambiental, como veremos a seguir:

DIMENSÃO AMBIENTAL NO DESIGN

O conceito de **consumo sustentável** requer alterações do modelo de vida e de bem-estar hoje em prática, principalmente nos países mais ricos e industrializados, cujo crescimento do impacto ambiental é diretamente proporcional ao **aumento do consumo de produtos e de energia.**

Carlo Vezzoli

A. Utilização de materiais e processos de baixo impacto ambiental;
B. Consideração no projeto do ciclo de vida do produto;
C. Design orientado para a sustentabilidade ambiental.

QUADRO SINTÉTICO SOBRE A DIMENSÃO AMBIENTAL NO DESIGN

A. UTILIZAÇÃO DE MATERIAIS E PROCESSOS DE BAIXO IMPACTO AMBIENTAL:

A questão da utilização de materiais e processo de baixo impacto ambiental inicia-se com a escolha de matérias-primas atóxicas tanto para a confecção dos produtos, quanto durante o processo de produção dos mesmos. Nesse aspecto, vale a pena relembrar, os questionamentos feitos sobre o uso de elementos e matérias-primas de grande impacto toxicológico como: o amianto, níquel, mercúrio, dentre vários outros, que se demonstravam insalubres à manipulação durante o processo produtivo e quanto às suas aplicações nos artefatos industriais.

Outra relevante consideração diz respeito também ao consumo energético despendido durante o processo de confecção dos produtos industriais e a quantidade de poluentes emitidos durante o processo produtivo. Afinal, a energia e mesmo os insumos utilizados no processamento fabril dos artefatos, promovem uma grande quantidade de resíduos e de efluentes, pois, como sabemos, os insumos básicos utilizados pelas indústrias vieram da natureza e para ela retornarão. Essa realidade levou à necessidade de empreender medidas corretivas nas empresas como: o uso de filtros nas chaminés das fábricas e o isolamento de áreas em que os detritos, principalmente nas áreas de acabamento e pinturas, deveriam ser controlados e até mesmo neutralizados. Esse fato, que gerou a necessidade de instalação de "cortinas d'água" e de exaustores de controle e contenção de pó, fuligens e odores nos parques produtivos.

Em uma fase mais madura da produção industrial, quando o debate sobre a "reciclagem" ganha espaço entre ecologistas, consumidores e produtores, surge a necessidade de escolha de matérias-primas compatíveis entre si, em um mesmo produto, com o intuito de transformar componentes em matéria-prima reutilizável. Essa prática se mostrou necessária principalmente em produtos confeccionados em termoplásticos, em que o fato de utilizarem componentes feitos de matérias-primas não compatíveis (elementos químicos incompatíveis entre si) produzia, como resultado final para a reutilização, uma liga frágil denominada vulgarmente como "liga podre", o que inviabilizava o reuso.

Por fim, após a rápida evolução da engenharia de materiais, que proporcionou a utilização de novos compósitos e a expansão do uso de elementos compatíveis entre si, surgiram também – fruto dessas mesmas experiências – as matérias-primas biodegradáveis e os elementos monomateriais de considerável resistência, que proporcionaram a confecção de produtos que possibilitam um maior controle sobre o impacto ambiental, tanto no que se refere à utilização em produtos quanto nos processos produtivos.

B. CONSIDERAÇÃO DO CICLO DE VIDA INTEIRO DO PRODUTO:

Os produtos que foram desenvolvidos desconsiderando o impacto causado pelos materiais e processos ao meio ambiente tinham também por trás dessa prática um modelo projetual que ignorava a concepção de produtos de baixo impacto ambiental. Para tanto, somente a partir dos anos 1990, no âmbito acadêmico universitário, nos cursos de design, surgem disciplinas como "os requisitos ambientais dos produtos industriais", que propõem abordar desde as questões de *inputs e outputs* (tanto de materiais como de energia) ligadas ao impacto ambiental, durante o processo de confecção dos produtos, até o conceito de projetar, considerando o ciclo de vida inteiro do produto.

Dessa vez, o foco no contexto projetual deixa de ser somente o produto, passando a uma dimensão mais abrangente do termo ao considerar a pré-produção, a produção, a distribuição, o uso e o descarte desse produto. Esses conceitos, com o tempo, se ampliaram ainda mais ao se prever a extensão do uso do produto e a sua reciclagem. Ao considerar o conceito de ciclo de vida do produto, coloca-se para análise e reflexão o impacto provocado pelo produto no meio ambiente. Tudo se inicia ainda durante a obtenção da matéria-prima (extração irregular de madeiras, metais e minerais), passando pela produção poluente (combustão de matérias-primas naturais, uso de elementos químicos danosos à saúde, uso de materiais inadequados e incompatíveis entre si), seguida pelo uso e consumo (desperdício de energia, desgaste pelo mau uso, excesso de consumo de bens não duráveis) e, por fim, chegando ao descarte (muitas vezes desordenado, não gerido e incontrolável) que teoricamente completaria o ciclo de vida do produto. A proposta de disciplinas, como "os requisitos ambientais dos produtos industriais", e de modelos projetuais, como "o projeto do ciclo de vida dos produtos *(Life Cycle Design – LCD)*", tem como escopo principal propiciar uma ideia sistêmica de desenvolvimento de produtos, cujo objetivo é o de reduzir ao mínimo o impacto das emissões e os impactos ambientais buscando controlar ao máximo os danos existentes.

C. O DESIGN ORIENTADO PARA A SUSTENTABILIDADE AMBIENTAL:

A questão do design orientado para a sustentabilidade ambiental pode ser interpretada como a fase mais madura que envolve o design com as questões ambientais. Não por acaso, essa fase de maturidade da aplicação estratégica do design, junto com os requisitos ambientais, sucede todos os modelos precedentes expostos e pode ser considerada como uma evolução do debate apresentado. Ao propormos uma descontinuidade do estilo de vida então em prática e detectarmos a necessidade de existência de um novo comportamento ético-social dos consumidores (por meio de escolhas éticas e críticas), teríamos de oferecer também uma resposta por parte de atividades como a do design – que age de forma transversal entre diferentes *stakeholders* e atores sociais envolvidos – para as questões ambientais, assumindo assim a sua responsabilidade e função social, indo até mesmo à proposta de novos cenários possíveis que vão ao encontro de um estilo de vida mais sustentável.

Como modelo projetual possível, o design orientado para a sustentabilidade ambiental busca unir os fatores objetivos inerentes à pratica projetual como a aplicação do Life Cycle Design, até o desafio de aplicação de elementos monomateriais para a confecção dos artefatos antes de chegarmos ao atual debate sobre a "desmaterialização" dos produtos e a expansão da aplicação de serviços. Para Carlo Vezzoli, os conceitos de *Life Cycle Design* abraçam as seguintes questões por ele apontadas como critérios ambientais a serem considerados estratégias para a redução do impacto ambiental:

A. Minimização dos recursos: projetar em busca de reduzir o uso de materiais e energias em todas as fases do ciclo de vida;

B. Escolha de recursos e processos de baixo impacto ambiental: selecionar os materiais, os processos e as fontes energéticas atóxicas e não nocivas em busca de uma redução do impacto qualitativa;

C. Otimização da vida dos produtos: projetar artefatos que durem no tempo e que sejam utilizados intensamente por meio de reaproveitamento de componentes e de reciclagem;

D. Extensão da vida dos materiais: projetar em função da reciclagem, combustão ou compostagem dos materiais descartados;

E. Facilidade de desmontagem: projetar em função da facilidade de separação das partes, "*design for disassembly*", visando a facilidade de manutenção, reparos, *updating* ou reúso (otimização da vida dos produtos) e materiais (extensão da vida dos materiais). (VEZZOLI, 2007, p. 61-63)

A prática do design orientado para a sustentabilidade ambiental, por seu caráter holístico e sistêmico, passa pelo conceito da constelação de valor em que diferentes abordagens são consideradas em busca de um objetivo comum, isto é: o baixo impacto ambiental. Fica cada vez mais evidente que o consumo em prática, hoje, já ultrapassa a capacidade do planeta para fornecer matérias-primas e absorver os descartes e emissões provocados pelo nosso estilo de vida e pela capacidade produtiva industrial. De acordo com Malaguti: "num sentido mais amplo, é preciso integrar o conceito de responsabilidade ambiental em nossas relações com os objetos e com o ambiente artificial como um todo, já que ele quase sempre medeia nossa relação com a natureza e também com as pessoas." (MALAGUTI, 2009, p. 29) Por outro lado, nesse modelo de prática de design proposto por meio da orientação voltada para a sustentabilidade ambiental, chama-se em causa uma drástica mudança de comportamento por parte dos consumidores que devem aceitar um novo modo de viver, um estilo de vida mais simples e consciente que legitimaria a existência de uma "tecnologia limpa" e de um "consumo limpo" isto é: promover um estilo de vida que seja compatível com uma produção de enfoque sustentável. Os designers também podem ter a capacidade de, além de conceber produtos, conceber de igual forma novos modelos de vida, utilizando como referência novos valores e qualidades de vida sustentáveis.

TECNOLOGIA E PRODUTOS ECOEFICIENTES

Graças ao avanço da tecnologia que permite o beneficiamento de **matérias-primas naturais ou compostas**, foi possível o surgimento de produtos **ecossustentáveis e ecoeficientes** com melhor qualidade. Fator este, importante para o sucesso e a prática de um **design sustentável**.

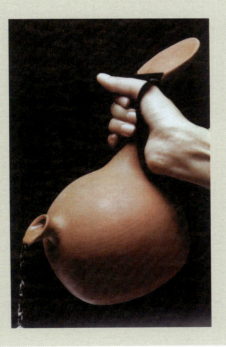

QUADRO SINTÉTICO SOBRE TECNOLOGIA E PRODUTOS ECOEFICIENTES

Premissas básicas, coordenadas e linhas guias consideradas pelo metaprojeto

Em busca de melhor orientar o projeto dentro da ótica dos requisitos ambientais, voltados para o baixo impacto ambiental, algumas diretrizes práticas e linhas guias (coordenadas de fácil aplicabilidade) se fazem necessárias e deverão ser consideradas como demonstrado a seguir.

UTILIZAÇÃO DE POUCAS MATÉRIAS-PRIMAS NO MESMO PRODUTO

Essa atitude busca uma maior economia de uso dos materiais utilizados, sua consequente redução de retirada da natureza, e ainda maior facilidade para o processo de reciclagem.

USO DE MATERIAIS TERMOPLÁSTICOS COMPATÍVEIS ENTRE SI

O uso de termoplásticos e polímeros compatíveis entre si, da mesma família, possibilita a recuperação da matéria-prima em fase natural, sem a necessidade de uma minuciosa separação das partes. Atesta-se que os plásticos oriundos de mesma família proporcionam uma liga que permite a sua reutilização sequencial, em uma escala denominada "efeito cascata".

ESCOLHA DE RECURSOS NATURAIS E PROCESSOS DE BAIXO IMPACTO AMBIENTAL

Atenção na escolha de materiais que proporcionem baixo impacto ambiental e utilização dos processos produtivos que apontem para essas mesmas diretrizes.

COORDENADAS E LINHAS GUIAS

Necessária se faz, portanto, a inserção do hábito de prever, de forma sistêmica e antecipada, durante ainda as etapas de geração de alternativas projetuais, **coordenadas e linhas guias** que promoverão uma relação desejável entre projeto, produção e o fim de vida do produto prevendo assim a sua **reutilização e/ou reciclagem.**

1. Utilização de poucas matérias-primas no mesmo produto;
2. Uso de materiais termoplásticos compatíveis entre si;
3. Escolha de recursos naturais e de processos produtivos de baixo impacto ambiental;

QUADRO SINTÉTICO
SOBRE COORDENADAS
E LINHAS GUIAS

UTILIZAÇÃO DE POUCOS COMPONENTES NO MESMO PRODUTO

O uso de poucos componentes em um mesmo produto facilita a desmontagem para a reciclagem dos materiais.

FACILIDADE NO DESMEMBRAMENTO E NA SUBSTITUIÇÃO DOS COMPONENTES

Um produto de fácil desmembramento facilita a troca e a substituição de suas partes, proporcionando uma sobrevida dos produtos industriais e uma agilização em sua "linha de desmontagem", durante o processo de reciclagem.

OTIMIZAÇÃO DAS ESPESSURAS DAS CARCAÇAS EM TERMOPLÁSTICOS

As carcaças confeccionadas em termoplásticos deverão apresentar reforços e nervuras que possibilitem a redução das espessuras das paredes e das estruturas.

COORDENADAS E LINHAS GUIAS
continuação

para tanto, ainda durante as fases de **projeto do produto/serviço ou análise dos existentes**, devem ser consideradas algumas premissas, buscando uma interação adequada entre design, produção industrial e sustentabilidade ambiental, ou seja, o **produto ecoeficiente**.

4. Utilização de poucos componentes no mesmo produto;
5. Facilidade no desmembramento e fácil substituição dos componentes;
6. Otimização das espessuras das carcaças dos produtos feitos em termoplásticos;

QUADRO SINTÉTICO
SOBRE COORDENADAS
E LINHAS GUIAS

NÃO UTILIZAÇÃO DE INSERTOS METÁLICOS EM PRODUTOS TERMOPLÁSTICOS

O uso de insertos metálicos dificulta o desmembramento dos componentes do produto e, por consequência, a sua reciclagem.

NÃO UTILIZAÇÃO DE ADESIVOS INFORMATIVOS CONFECCIONADOS EM MATERIAIS QUE NÃO SEJAM COMPATÍVEIS ENTRE SI

O uso de informações sobre o uso e manutenção de produtos (etiquetas e displays) confeccionados em materiais que não sejam compatíveis com os demais existentes dificulta o processo de reciclagem.

USO DE MADEIRAS SINTÉTICAS E/OU CERTIFICADAS

Quando o produto ou componente tiver de ser confeccionado em madeira, optar pelas industrializadas como o MDF (material originário de plantios de pinus e eucaliptos), destinadas para esse fim. Quando da utilização da madeira natural, averiguar a certificação e liberação por parte dos órgãos competentes.

EXTENSÃO DA VIDA DO PRODUTO

Procurar utilizar o produto em sua extensão máxima no que se refere ao seu ciclo de vida. Durante o projeto do produto, potencializar, ao máximo, sua extensão de uso e de vida, prevendo, inclusive, novas funções posteriores.

COORDENADAS E LINHAS GUIAS
continuação

Este conceito somente se tornará realidade quando o modelo projetual estiver em sintonia e em concomitância com o **desenvolvimento de produtos ecologicamente sustentáveis e ecoeficientes,** e isso somente será realidade se, durante as fases de concepção dos novos produtos, forem considerados as **linhas guias e as coordenadas** que direcionem o projeto para esse fim.

7. Não utilização de insertos metálicos em produtos termoplásticos;
8. Não utilização de adesivos informativos, feitos de materiais que não sejam compatíveis com os do produto;
9. Uso de madeiras sintéticas e/ou certificadas;
10. Extensão da vida do produto.

QUADRO SINTÉTICO SOBRE COORDENADAS E LINHAS GUIAS PARA O DESIGN SUSTENTÁVEL

Os quadros sintéticos sobre coordenadas e linhas guias para o design sustentável foram desenvolvidos a partir de referências utilizadas por Manzini e Vezzoli.

APLICAÇÃO PRÁTICA DO METAPROJETO
DESIGN E SUSTENTABILIDADE

Confeccione uma tabela e um gráfico comparativo do produto em estudo, tendo como referência as "linhas guias" de sustentabilidade acima abordadas.

REQUISITOS linhas guias	PRODUTO CD BOX SIM: citar quais	NÃO: citar quais
1. UTILIZAÇÃO DE POUCAS MATÉRIAS-PRIMAS NO MESMO PRODUTO	UMA MATÉRIA-PRIMA	
2. USO DE MATERIAIS TERMOPLÁSTICOS COMPATÍVEIS ENTRE SI	POLIESTIRENO CRISTAL E POLIESTIRENO ALTO IMPACTO	
3. ESCOLHA DE RECURSOS NATURAIS E PROCESSOS DE BAIXO IMPACTO AMBIENTAL	PROCESSO FABRIL DE BAIXO IMPACTO AMBIENTAL	
4. UTILIZAÇÃO DE POUCOS COMPONENTES NO MESMO PRODUTO	QUATRO PEÇAS	
5. FACILIDADE NO DESMEMBRAMENTO E NA SUBSTITUIÇÃO DOS COMPONENTES	DESMONTAGEM FÁCIL	
6. OTIMIZAÇÃO DAS ESPESSURAS DAS CARCAÇAS DOS PRODUTOS TERMOPLÁSTICOS	ESPESSURA DE 1,5 MM	
7. NÃO UTILIZAÇÃO DE INSERTOS METÁLICOS EM PRODUTOS TERMOPLÁSTICOS	NÃO UTILIZA INSERTOS	
8. NÃO UTILIZAÇÃO DE ADESIVOS INFORMATIVOS CONFECCIONADOS EM MATERIAIS QUE NÃO SEJAM COMPATÍVEIS		UTILIZA ADESIVO METALIZADO NA TAMPA DO PRODUTO (selo de originalidade)
9. USO DE MADEIRAS SINTÉTICAS E/OU CERTIFICADAS	NÃO SE APLICA	NÃO SE APLICA
10. EXTENSÃO DA VIDA DO PRODUTO		NÃO EXISTE EXTENSÃO DE VIDA DO PRODUTO

TABELA COMPARATIVA – sustentabilidade ambiental do produto em estudo

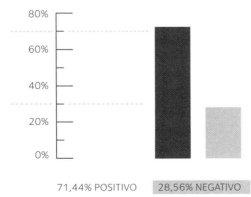

GRÁFICO COMPARATIVO – sustentabilidade ambiental do produto em estudo

Gráfico comparativo simulando a sustentabilidade do produto em estudo a partir das informações contidas na Tabela comparativa – sustentabilidade ambiental do produto em estudo.

71,44% POSITIVO   28,56% NEGATIVO

Influências socioculturais

A concepção de um produto, de forma consciente ou não, é fruto da interação dos atores envolvidos no projeto com a realidade sociocultural circundante que os influenciam. Isso se vê presente de maneira mais clara e definida quando nos dirigimos para a produção artesanal, espontânea e popular, na qual o produto e o produtor se espelham como em um verdadeiro jogo de significado e significância. Existe, na verdade, uma visível simbiose ética, estética, comportamental e cultural entre o artesão e o artesanato. Dessa maneira, o ambiente, o território e o estilo de vida local se tornam referências tipológicas e estéticas para a concepção de utensílios de forma artesanal. Assim, poderíamos então dizer que o artesão se vê no artefato e o criador na criatura.

4. INFLUÊNCIAS SOCIOCULTURAIS

A proposta de um novo produto, de forma **consciente ou não,** é fruto da interação dos atores envolvidos na concepção dos artefatos com a realidade sociocultural circundante. Isso se vê presente de maneira mais clara e definida quando nos voltamos para a produção artesanal popular. **O artesanato,** na verdade, é o resultado do **convívio do homem com a sua cultura autóctone, suas tradições, crendices e religiosidades** transformadas, por sua vez, em **cultura material espontânea e popular.**

QUADRO SINTÉTICO SOBRE AS INFLUÊNCIAS SOCIOCULTURAIS

Na cultura material, fruto da cultura industrial, mesmo que não estejam transparecidas de maneira clara e explícita, muitas vezes de forma tácita, se constatam também as influências culturais (principalmente do território urbano), na produção em larga escala dos produtos industriais. Nos tempos atuais, já se fala, como vimos nos escritos precedentes, de uma possível tipologia estética influenciada pelos conceitos éticos que se encontram presentes na base da sustentabilidade ambiental. Na percepção de Walker, já se pode traçar uma distinção entre a estética de produtos ecos ou não compatíveis,

> [...] podemos inferir disto que objetos "sustentáveis" serão marcadamente diferentes dos produtos existentes, e serão identificados através de uma tipologia estética bastante diferente [...]. Uma tipologia estética seria um meio de estabelecer o problema em termos de design. Efetivamente, uma tipologia estética para os bens de consumo contemporâneos nos revelaria talvez o que não deveríamos fazer (WALKER, 2005, p. 47-62).

Nesse sentido, vale a pena reforçar as propostas de produto-serviço com ênfase na fruição coletiva dos usuários e mesmo o conceito de desmaterialização que reduz ou descarta a matéria física dos bens de uso diário, cuja proposta vai ao encontro da teoria de Walker sobre o que os designers não deveriam utilizar na concepção de novos produtos. É importante dizer que a visão sistêmica aplicada ao design para a sustentabilidade contempla também o âmbito socioambiental; dessa forma, o território é considerado como modelo de referência que une o social com o ambiente geográfico local.

QUADRO SINTÉTICO SOBRE DESIGN, CULTURA E TERRITÓRIO COM ÊNFASE NOS PRODUTOS INDUSTRIAIS

DESIGN, CULTURA E TERRITÓRIO

Na **cultura material, fruto da cultura industrial**, mesmo que não estejam transparecidas de maneira explícita, constatam-se também as **influências culturais** (principalmente do território urbano) **na produção em larga escala dos produtos industriais**.

Hoje, torna-se imperativa a capacidade de produtores, designers e mesmo de cada país, na interpretação do estilo de vida local *(local culture e local lifestyle)*, para que seja inserido como componente diferencial, de caráter sólido, nos produtos que competem hoje em nível global, proporcionando, por sua vez, aos consumidores, como nos diria Flaviano Celaschi, "novas experiências de consumo". A identidade local, por meio do conceito de valorização do território *(terroir)*[3], aponta-se como um modelo de diferenciação para os bens de produção industrial contemporânea. Ao contemplar o território de origem e a

---

[3] Ver conceito de terroir em: LAGES, Vinicius; BRAGA, Christiano; MORELLI, Gustavo. *Territórios em movimento: cultura e identidade como estratégia de inserção competitiva*. Rio de Janeiro: Relume Dumará / Brasília, DF: SEBRAE-NA, 2004.

sociedade que a compõe, o *terroir* abrange o capital simbólico do produto; nisso devem ser inseridas também as relações socioculturais e as características do território, as quais foram se consolidando ao longo dos tempos. Tudo isso culmina por definir a configuração de artefatos, tradições, manifestações culturais, festividades e alimentação, formando, por fim, o patrimônio material e imaterial de caráter marcante e simbólico e que determina por vez o produto local.

No caso do design brasileiro, por exemplo, é fato que o percurso do Brasil como Estado-Nação, em nível macro, nos conduziu a uma estética multicultural, híbrida e mestiça.[4] Foi aberta, pelo pluralismo étnico e estético local, uma forte presença de signos múltiplos e de uma energia particularmente brasileira.[5] Necessário se faz, portanto, o reconhecimento desses valores, heterogêneos e complexos, fruto da ambiência e cultura locais, a serem interpretados e decodificados como atributos intangíveis para os nossos artefatos industriais diante de um cenário de complexidade e fragilidade estabelecido.

Todavia, deve-se reconhecer que o resultado a ser obtido não pode ser entendido como uma "salada" cultural dispersa e desordenada. O design dentro da heterogeneidade de uma cultura múltipla e complexa é possível quando se promove a união de diferentes elementos, buscando-se harmonia e equilíbrio entre eles. Assim, pode-se dar espaço ao design no âmbito de uma cultura plural (como a brasileira e a global), promovendo a associação entre elementos afins, apesar de suas origens diversas. É esse, a meu ver, um dos grandes desafios da atividade de design dentro deste novo complexo modelo de segunda modernidade que se estabelece (MORAES, 2006, p. 260).

QUADRO SINTÉTICO SOBRE DESIGN, CULTURA E TERRITÓRIO, COM ÊNFASE NA MODA

---

[4] Ver: RIBEIRO, Darcy. *O povo brasileiro: a formação e o sentido do Brasil*. Rio de Janeiro: Companhia das Letras, 1995.
[5] Ver: MORAES, Dijon De. *Análise do design brasileiro: entre mimese e mestiçagem*. São Paulo: Ed. Edgard Blucher, 2006.

Nesse sentido, tomamos ainda como exemplo o Brasil e a sua moda, que pode ser uma rica demonstração de simbiose entre nossa ética, nossa cultura, nosso comportamento e nosso estilo de vida local. A moda brasileira pode se destacar como um rico diferencial dentro de uma produção homogênea e globalizada. O Brasil pode, em muito, se destacar ao apresentar, mesmo sendo fruto da cultura local, uma abordagem transversal que pesquisa, interpreta e produz novos significados e significâncias de estilos e comportamentos, em que os valores se misturam e dão origem a resultados híbridos que devem atender a uma nova ordem tipológica de comunicação e uso, a qual metaboliza diferentes saberes e sabores e tende a promover novos conteúdos simbólicos.

Ética e estética na produção industrial

O percurso histórico do século XX nos demonstra que, dentro do âmbito da cultura material, sempre houve um estreito paralelo entre os movimentos da vanguarda artística, o estilo e a estética dos artefatos, por meio dos produtos industriais. Como exemplo ilustrativo, podemos apontar a estética *Art Nouveau* como uma referência do modo de vida e dos costumes dos habitantes das grandes cidades europeias em plena expansão no final do século XIX e nas primeiras décadas do século XX. Naquele momento, os meios produtivos, ainda em processo de consolidação, buscaram nas referências florais do oriente o seu elemento estético principal. O estilo de vida outsider, a exploração das colônias com suas savanas e florestas, o cinema, a fotografia e as reproduções por meio das artes gráficas, disseminavam a estética do Estilo Novo que rompia com o passado e prenunciava a era moderna.

ARTE, MODA E COMPORTAMENTO

É interessante notar que sempre houve um perfeito **paralelo** entre os **movimentos da vanguarda artística** com o **estilo e a estética** dos **produtos de produção seriada**, dentro da cultura material, por meio dos artefatos industriais.

QUADRO SINTÉTICO SOBRE LINHA DE PRODUTOS DO DESIGNER ACHILLE CASTIGLIONI E A RELAÇÃO DESTES COM O MOVIMENTO DADAÍSTA

Destaca-se, portanto, que a relação entre ética e estética no movimento Art Nouveau não foi concebida de forma consciente e sistematizada pela produção industrial. Ela ocorreu através de processo natural e espontâneo entre o estilo de vida da época e o processo fabril mecânico em grande fase de crescimento e disseminação, principalmente entre os países europeus que lhe deram nomenclaturas distintas como *Jungendstil, Sezession e Liberty*. Todas essas são traduções do estilo que foi primeiro aplicado nas artes, nos projetos de interiores e, posteriormente, em objetos de uso diário como joias, louças e mobiliários.

Posteriormente, e de forma mais estruturada e intencional, podemos citar a experiência da Bauhaus como o primeiro espaço a apresentar uma consistente e estreita relação entre a forma, a função e a produção de bens industriais, precedida de uma teoria ética e comportamental previamente estabelecida. De acordo com Bürdek,

> [...] com a exceção do escultor Gerhard Marcks, foram escolhidos por Gropius somente artistas abstratos ou da pintura cubista como professores da Bauhaus. Entre eles, Wassily Kandinsky, Paul Klee, Lyonel Feininger, Oskar Schlemmer, Johannes Itten, Georg Muche e László Moholy-Nagy. Por causa do avanço dos meios de produção industrial no século XIX, a ainda existente unidade entre projeto e produção estava diluída. A ideia fundamental de Gropius era que, na Bauhaus, a arte e a técnica deveriam tornar-se uma nova e moderna unidade. A técnica não necessitava da arte, mas a arte necessitava muito da técnica, era a frase emblema. Se fossem unidas, haveria uma noção de princípio social: consolidar a arte no povo. (BÜRDEK, 2006, p. 28)

ÉTICA E ESTÉTICA

A **estética** é tida como um reflexo do comportamento do homem enquanto ser social, aqui entendido como grupo coletivo, das apreciações referentes à conduta humana, isto é: a **ética**, que acaba por influenciar a estética da nossa cultura material. Pode-se dizer, portanto, que exista uma **estética militar, indígena e eclesiástica,** por exemplo, fruto da sua ética e do seu comportamento social.

QUADRO SINTÉTICO SOBRE ÉTICA E ESTÉTICA

O próprio termo "consolidar a arte no povo", de Gropius, nos revela o posicionamento ético dos idealizadores da Escola Bauhaus. Há que se considerar também que o projeto dessa Escola (1919-1933) ocorreu logo após a primeira grande guerra mundial, quando uma Europa pobre e dividida iniciava seu processo de restabelecimento. Portanto, o estilo reconhecido como Bauhaus surge de uma consciência social em que se procurou eliminar os motivos decorativos supérfluos existentes nos produtos industriais, privilegiando-se as facilidades construtivas e produtivas fabris. O Manifesto da Bauhaus punha em causa a união entre artistas e artesãos para o bem de todos: "Arquitetos, escultores, pintores, todos nós devemos nos voltar para o artesanato [...]. Arte e o povo devem constituir uma unidade. A arte não pode ser um prazer para poucos, mas a felicidade e vida das massas" (DROSTE, 1991, p. 18). E por fim apregoa uma feliz "união entre arte e técnica". É verdade que encontramos em *Deutscher Werkbund* (1907), de Hermann Muthesius, e no Neo-Plasticismo, de Theo van Doesburg, dentro do movimento *De Stijl* (1921), princípios éticos similares a esses mesmos encontrados na Escola Bauhaus. Mas a Bauhaus escola teve o mérito de melhor sedimentar e traduzir, em forma de ensinamentos didáticos, os conceitos éticos aplicados à produção industrial do século XX.

O teórico Hahn, em análise sobre os primeiros anos da Bauhaus (1919-1923), enfocando os anos decisivos para a configuração do modelo definitivo dessa escola, disserta:

> [...] é presumível que, se a Bauhaus tornou-se um evento cultural de relevância mundial, isso se deu porque a Escola soube traduzir e pôr em prática as ideias que já tinham sido debatidas em outros lugares, em nível teórico e até utópico. Nos primeiros anos da Bauhaus, de fato, confluíram correntes heterogêneas diversas, ideias que diziam respeito à política e à sociedade, aquelas do mundo econômico, da indústria e do artesanato, da arquitetura e da arte, da pedagogia e, não por último, da filosofia, mas, ao contrário, indo mesmo até o âmbito do pensamento místico e esotérico (HAHN, 1996, p. 37).

De igual forma, a passagem que descrevemos a seguir também pode nos confirmar o grande legado teórico existente como sustentação do estilo "purista" e "racional" da Escola Bauhaus. Ou melhor, o seu empenho em dar vida a um código estético que vai ao encontro da causa e da razão do momento então vivido pela Alemanha e pela Europa em geral após a Primeira Guerra Mundial. De acordo ainda com Hahn,

> Quando nasceu a Bauhaus, era o amanhecer de uma guerra perdida e de mudanças políticas, a revolução de novembro de 1918. Miséria, fome, desocupação e inflação eram as palavras da época, atentados e extremismos políticos eram a ordem do dia. Ao mesmo tempo, porém, crescia a esperança de um início radicalmente novo [...]. Não se pode imaginar a Bauhaus sem o pressuposto de que muitos dos seus alunos provinham do ambiente de movimentos jovens de protestos *(Jugendbewegung)* e neles suas mentes ferviam de ideias de reforma da própria vida, da exaltação aos *Wandervogel* pelo retorno à natureza, ao hábito vegetariano, ao jejum, ao nudismo, à medicina natural e à vida comunitária [...]. Muitos dos alunos da Bauhaus eram provenientes da guerra – da qual, muitas vezes cheios de entusiasmos patrióticos, tinham participado como voluntários – salvando pouco mais

> que a vida nua e crua. Zelar pela precariedade social dos seus estudantes foi para a Bauhaus, por anos, um dever, e o fez de tal maneira que lhes oferecia alimentação gratuita. (HAHN, 1996, p. 38-39)

Podemos, então, compreender, que estava pronto o cenário para o surgimento de um código estético que caminhasse junto com a realidade social e comportamental de um povo, isto é, recíproco à conduta ética e comportamental vigente. Os professores e alunos da Bauhaus foram capazes de traduzir com perfeição esse momento e deixaram, por meio dos princípios éticos e estéticos da escola, um legado inconteste para a cultura material não somente europeia, mas mundial.

Do outro lado do mundo, nos Estados Unidos, uma outra experiência merece a nossa atenção. Diferentemente da Europa do pós-guerra, os Estados Unidos do início do século XX, tinham uma indústria em franca expansão e iniciavam seu processo de supremacia tecno-fabril pelo mundo. A forte imigração, acontecida por longo período, proporcionou o recebimento de diversas influências culturais e novas possibilidades de estilo e de estética àquele país. Como se sabe, a tradição do produto orientado para o mercado e a grande difusão do consumo fizeram com que o design americano tivesse uma forte ênfase nas vendas e na obtenção de sucesso mercadológico, durante as primeiras décadas do século XX. Assim, o design americano fez uso da forma e do estilo dos objetos mais como um apelo às vendas do que como conteúdo social intrínseco ao seu produto industrial. Logo, na corrente americana, o design era tido como algo que pudesse ser inserido posteriormente ao produto, como uma maquiagem cosmética final.

Surgiu, assim, entre os anos 1920 e 1950, nos Estados Unidos, o reconhecido styling que deu suporte para a concepção de sua derivação de maior glamour e reconhecimento, que foi o *Streamline*. Esse movimento teve como base os princípios aerodinâmicos oriundos da eficiência das formas orgânicas de peixes e pássaros, bem como o da gota d'água que foram aplicadas aos desenhos de aviões, trens e navios que tinham na velocidade as suas referências projetuais. Curiosamente, essa prática acaba também por influenciar outros produtos que se apresentavam distantes dos princípios aerodinâmicos como rádios, câmeras fotográficas, eletrodomésticos e máquinas de escritórios que adquiriram conteúdos simbólicos sem nenhuma motivação funcional.

O *streamline* torna-se, dessa maneira, a tradução da modernidade americana, bem como a sinalização para o mundo de sua capacidade produtiva por meio de uma potente linha de montagem industrial. De acordo com Burdek:

> Os designers viam a sua tarefa, como tornar produtos mais irresistíveis, isto é, procurar interpretar os desejos ocultos e as esperanças do usuário, e projetá-los sobre os objetos, de forma a estimulá-los à compra. Separados das soluções técnicas, os designers eram empregados apenas para resolver os problemas da forma. (BÜRDEK, 2006, p. 181-182)

Nessa época, alguns designers se destacaram por ajudar a consolidar o estilo *streamline*. Entre eles, Raymond Loewy, que cunhou a expressão "o feio não vende" e ainda Henry Dreyfuss, Norman Bel Geddes, Orlo Heller, Richard Buckminster Fuller e Walter Dorwin Teague.

Percebe-se, portanto, que o papel do design americano, do início até meados do século XX, foi o de inserir o design na indústria como meio de aumento das vendas e busca do sucesso comercial para suas empresas. Segundo Heskett, "Expressar a velocidade e a modernidade era um símbolo de potência, e não diminuía necessariamente a eficiência de um objeto, mesmo que não expressasse a função" (HESKETT, 1990, p. 120). Se a tudo isso somarmos o fato da existência de uma grande massa de consumidores, surgida pela expansão de uma forte classe média local, podemos perceber que estava feita a fórmula: o consumo induzido alimentava as vendas, que aumentava a produção, que incentivava o consumo. Percebe-se, portanto, que o comportamento ético da época fez surgir a estética "*streamline*" de forma coerente com a realidade então vivida, ou seja, o momento de expansão industrial e econômica norte-americano.

Retornando à Europa, destaca-se outra experiência que em muito contribuiu para a consolidação do design naquele continente, principalmente no âmbito acadêmico, que foi a *Hochschule Fur Gestaltung – Hfg*, a Escola de Ulm (1946-1968). Assim como ocorreu com a Bauhaus, os professores pioneiros da Escola de Ulm tiveram suas origens na Arte Concreta, como Max Bill e Tomás Maldonado seus dois primeiros reitores. Sobre Maldonado assim discorre Giovanni Anceschi:

> São mais de 50 anos que Maldonado trabalha em universidades: a partir de 1954 fez parte do corpo docente da Escola de Ulm, a *Hochschule Fur Gestaltung*, herdeira da dialética da Bauhaus, e em poucos anos torna-se o seu Reitor e seu guia intelectual. Enquanto, anteriormente, toda a sua formação de homem de cultura foi desenvolvida no húmus cultural, ético e civil da sua cidade natal, que é a mais europeia e sutilmente intrigante das cidades sul-americanas, isto é, Buenos Aires. (ANCESCHI, 2001, p. 159)

É sabido que a Escola de Ulm, assim como sucedeu com a Bauhaus, foi instituída após o advento de uma grande guerra, tendo novamente a Europa como palco e cenário principal. Trata-se agora da Segunda Guerra Mundial. Por meio da Escola de Ulm, conceitos como racionalização, funcionalidade, economicidade, normatização e neutralidade vêm novamente à luz na Europa. Para Andrea Branzi,

> [...] a metodologia proposta por Ulm, para impor-se naqueles anos, seguiu a forma de uma regra objetiva, incontestável, de apontar um novo caminho a uma Alemanha e a uma Europa em busca de certezas, após uma guerra perdida e depois de tantos horrores e sonhos errados. Qual foi então o teorema central de Ulm? Qual estratégia aproximativa é sinalizada para o universo dos seus objetos industriais? A escola, de fato, propôs um substancial "resfriamento" do próprio objeto, uma neutralização dos seus valores e significados expressivos, por meio de uma codificação formal de grande pureza e corretismo, e que, ao mesmo tempo, impedia a petulância visual e a arrogância mecânica. (BRANZI, 1988, p. 41-42)

Percebe-se, portanto, que o racionalismo proposto pela Escola de Ulm ia ao encontro do projeto de modernidade crescente no ocidente e inseriu, dentre outras colaborações, o rigor científico e metodológico aplicado à atividade de design. Dentro do cenário então vivido, Ulm trazia, intrínseco ao seu modelo projetual, o conceito de disseminação das benesses da produção industrial para todas as pessoas. A escola ainda ampliou a atuação do design para as áreas médicas, para o âmbito dos deficientes físicos, dos meios de transportes, dos instrumentos de trabalho e da comunicação. Ulm intensificou a função social do design e inseriu o debate sobre a questão dos países periféricos e dos subdesenvolvidos nos seus ensinamentos. De acordo com Bonsiepe:

> O exame sobre a relevância do modelo de Ulm nos países periféricos pressupõe a definição das características principais desse modelo. Seguramente, a composição internacional, seja dos docentes seja dos estudantes da Hfg-Ulm, não foi casual. De fato, o programa tinha características que se estendiam para fora do cenário interno da Alemanha federal. Isto não significa que a Hfg-Ulm pretendesse ter uma validade internacional. Era concebida para o contexto dos países industrializados, o Centro ou Metrópole, mas reunia também os países que viam a industrialização como um instrumento para reduzir a própria dependência tecnológica, para gerar riqueza e que aspiravam por uma cultura moderna autônoma [...]. O racionalismo de Ulm se opunha à pobreza e ao exotismo e impedia o comportamento paternalista do assistencialismo. (BONSIEPE, 1995, p. 130-133)

Nesse sentido, podemos afirmar que a ética e os conceitos teóricos de Ulm foram condizentes com os resultados estéticos de suas produções dentro da cultura material moderna. A estética desenvolvida, ou melhor, decodificada e posta em prática pelo modelo de Ulm, embora tenha sido concebida para o "centro", por meio de sua neutralidade e pureza formal, foi ampliada e aceita também no contexto da "periferia". Ulm colocou em foco a antítese da estética que enaltece o consumo e faz referências ao supérfluo, e buscou inserir uma nova estética, fruto do racionalismo e da funcionalidade, no contexto da cultura do projeto. Ulm também sustenta, como referências para o projeto, a facilidade produtiva, o racionalismo e os rigores metodológicos e, no âmbito teórico, se aproxima da razão e do positivismo.

Percebe-se, portanto, que a ética, como modelo de comportamento e de estilo de vida, e a estética, como decodificação formal do significado e significância do comportamento social humano, sempre mantiveram uma estreita e recíproca relação entre si e se completam em constante estado de mutação. Isto é, o homem como ator social e a indústria como agente produtor de bens de consumo de massa atuam em um cenário em que o comportamento ético serve de referência para a produção industrial e essa se espelha na demanda humana para a concepção dos seus novos artefatos.

O percurso histórico entre a relação ética e estética, aqui narrado e apresentado por meio dos casos emblemáticos do *Art Noveau, Bauhaus, Streamline* e Escola de Ulm (também caberia nesse contexto a interessante experiência da Vanguarda Russa e da Escola de Design de Cuba), demonstra e comprova a existência dessa estreita inter-relação. De igual forma, as ambiências e as relações socioculturais humanas, por meio do comportamento e do estilo de vida, se apresentam como elementos a serem decodificados como referenciais estéticos da produção industrial por todo século XX.

TECNOLOGIA E NOVOS MATERIAIS

É sabido que a descoberta ou invenção de **novos materiais,** bem como o surgimento de **novas tecnologias produtivas,** acabam por **influenciar a concepção e a forma estética** dos produtos industriais do século XX.

QUADRO SINTÉTICO SOBRE TECNOLOGIA PRODUTIVA

Mas essa mesma capacidade tecno-produtivo-fabril, que bem soube introduzir uma inconteste revolução dos costumes e hábitos nos habitantes do século XX, não soube, de igual forma, instituir novos cenários que apontassem para uma cultura socioambiental capaz de permear entre a ética ecológica e a ética ambiental. A aplicação de um modelo linear mecanicista, racionalista e antropocêntrico para o projeto do mundo moderno e o distanciamento da relação entre o desenvolvimento industrial e meio ambiente tiveram como resultado a poluição das águas, do ar e da terra. Além desses, o buraco de ozônio, o efeito estufa, o desflorestamento, a desertificação e o aumento dos fenômenos naturais, isto é, as catástrofes. O filósofo ambiental Luciano Valle assim completa:

> No que tange à relação com a natureza, o "moderno" deu passos para trás ao ser comparado com as grandes tradições religiosas e filosóficas do passado. Não soube manter, por exemplo, aquela sabedoria do "habitar" que pode ser sintetizada pela afirmação taoísta: *o homem sábio vive em harmonia com o Céu e a Terra.* (VALLE, 2005, p. 23-24)

No limiar deste século XXI, apenas iniciado, destacam-se outras relações possíveis dentro da trilogia ética, estética e produção industrial. A estética do novo milênio, nesse contexto, passaria a ser diretamente atrelada à ética ambiental, no sentido de procurar unir o comportamento social com a sustentabilidade do planeta. A reflexão e o debate entre ética, estética e consumo já demonstra amadurecimento para configurar uma fisionomia de contornos próprios ou mesmo uma natural forma epistemológica. Mas, quanto às questões industrialização, meio ambiente e consumo, ressaltam-se, de igual forma, a importância e o papel do consumidor como ator protagonista para o sucesso da sustentabilidade ambiental do planeta. Somente por meio dos consumidores poderá ser legitimado o surgimento de uma nova estética, condizente com a realidade vivida na atualidade. Esse é um desafio em busca da preservação ambiental e da qualidade de vida para as gerações futuras.

Ao aceitarem de forma proativa os produtos desenvolvidos dentro de modelos eco-sustentáveis, os consumidores da atualidade, em nome de um planeta "limpo e sustentável", acabariam por legitimar uma nova estética possível para o design neste novo século. Além disso, fariam a sua parte na trilogia produção, ambiente e consumo. Mas, como sabemos, esses conceitos não fizeram parte dos valores exatos e objetivos das disciplinas que construíram a solidez moderna do século XX. Cabe, portanto, a esta geração fazer uso dos avanços industriais alcançados pelo projeto moderno e inserir nesse contexto a concepção de produtos ecossustentáveis e ecoeficientes, tendo como referência a ética e a estética ambiental para a concepção dos novos artefatos da produção industrial, à luz da segunda modernidade a ser construída no século XXI.

Na aplicação do metaprojeto, portanto, devem ser considerados os fatores socioculturais de maior relevância como possível referência para a concepção do novo produto/serviço em estudo, e, de igual forma, os fatores determinantes ocorridos durante a época na qual o produto foi concebido e inserido no mercado (no caso de *diagnose* para o seu redesenho). Nesse caso, devem ser considerados como pré-análise: novas tecnologias e materiais disponíveis; novas descobertas científicas apresentadas; novos movimentos artísticos existentes; novos comportamentos e costumes em prática; novas tendências da moda; novos ritmos musicais surgidos; catástrofes e/ou guerras que podem influenciar a concepção ou redesenho de um artefato.

■ APLICAÇÃO PRÁTICA DO METAPROJETO
FATORES SOCIOCULTURAIS

Sabendo que os vínculos socioculturais representam um valor determinante na concepção e estética dos produtos industriais, incentiva-se a análise sobre os fatores socioculturais (de maior relevância), acontecidos ou que acontecem durante a época (pode ser considerada a década) na qual o produto em estudo foi/está sendo concebido e inserido no mercado.

Para a aplicação prática, verifique se existe alguma analogia entre estilo, estética e forma do produto, com os fatores socioculturais aqui mencionados, utilizando a palavra SIM, NÃO ou NÃO SE APLICA. Para melhor compreensão desta análise, produza painéis iconográficos sobre os fatores socioculturais investigados, bem como tabela e gráfico comparativo do produto em estudo, demonstrando o percentual de identificação do produto com o seu tempo ou com o cenário prospectado.

PAINEL ICONOGRÁFICO – fatores socioculturais do produto em estudo

Ex: painel iconográfico simulando o estilo de vida – nova tendência da moda na década de 1980. Época do lançamento do produto em estudo.

TABELA COMPARATIVA – fatores socioculturais do produto CD-BOX

Tabela comparativa simulando as influências dos fatores socioculturais no produto em estudo.

FATORES SOCIOCULTURAIS	ESTILO	ESTÉTICA	FORMA
NOVAS TECNOLOGIAS E MATERIAIS	SIM	SIM	SIM
NOVAS DESCOBERTAS CIENTÍFICAS	SIM	SIM	SIM
NOVO MOVIMENTO ARTÍSTICO	SIM	SIM	SIM
NOVOS COMPORTAMENTOS E COSTUMES	NÃO	NÃO	NÃO
NOVA TENDÊNCIA DA MODA	NÃO	NÃO	NÃO
NOVOS RITMOS MUSICAIS	NÃO	NÃO	NÃO
CATÁSTROFES E GUERRAS	NÃO SE APLICA	NÃO SE APLICA	NÃO SE APLICA

INFLUÊNCIAS SOCIOCULTURAIS

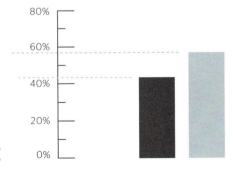

GRÁFICO COMPARATIVO – fatores socioculturais do produto em estudo

42,80% COM INFLUÊNCIAS
57,20% SEM INFLUÊNCIAS

Tecnologia produtiva e materiais empregados

Hoje, como jamais visto, a descoberta ou invenção de novos materiais, bem como o surgimento de novas tecnologias produtivas, acabam também por influenciar a concepção e a estética dos produtos industriais. A evolução da tecnologia e o surgimento de novas matérias-primas propiciam uma verdadeira revolução nos aspectos de uso e na forma dos artefatos. A isso se soma a influência sociocultural como fator determinante para a configuração e codificação formal dos produtos dentro da nossa cultura material. No conjunto desses fatores e atributos, os objetos passam, hoje, a ser concebidos não somente na perspectiva dos aspectos funcionais e produtivos, mas de igual forma, dos fatores estésicos, isto é: relativos à sensibilidade, à emotividade e ao sentimento.

5. TECNOLOGIA PRODUTIVA E MATERIAIS EMPREGADOS

A evolução da **tecnologia produtiva** e o surgimento de **novos materiais** propiciaram uma verdadeira revolução nos **aspectos formais e de uso dos artefatos industriais**. Com essa nova realidade, os produtos passaram também a ser avaliados, não somente por meio dos **fatores funcionais e estéticos**, mas, de igual forma, por meio dos **fatores estésicos**, isto é, relativos à **sensibilidade**, à **emoção** e ao **sentimento**.

QUADRO SINTÉTICO SOBRE
TECNOLOGIA PRODUTIVA E MATERIAIS
1. iSub amplificador de graves para Harman Kardon, 1999
2. Power Mac G4. computador para Apple Computer, 1999

É legítimo dizer que o aparecimento dos novos materiais, como polímeros, termorrígidos, termoplásticos, compósitos, ligas leves e fibras sintéticas, dentre outros, possibilitou a redução do tempo de processo produtivo fabril, diminuindo também o número de componentes nos produtos e trazendo aos consumidores novas mensagens simbólicas, novas referências estéticas e, por fim, como já dissemos, novas experiências de consumo.

MATERIAIS E PROCESSO PRODUTIVO

É sabido que com o aparecimento de novos materiais, como **polímeros, termorrígidos, termoplásticos, compósitos, ligas leves e fibras sintéticas** (dentre vários outros), tornou-se possível a redução do tempo de processo produtivo fabril, reduziu-se também o número de componentes nos produtos, até a possibilidade da aplicação e uso de **monomateriais** nos artefatos industriais.

QUADRO SINTÉTICO SOBRE TECNOLOGIA PRODUTIVA, MATERIAIS E ESTILO DE VIDA

A capacidade dos novos materiais para serem macios, leves, transparentes e translúcidos, dentre outras características, fez surgir produtos que despertam nas pessoas valores antes de difícil mensuração, como, por exemplo, a emotividade, a estima e a qualidade percebida.

PRODUTO SOFT, AMIGO, INTERATIVO

Graças à capacidade dos novos materiais para serem **macios, leves, transparentes e translúcidos**, além de possuírem outras características, surgiram, por consequência, produtos que despertam nas pessoas valores antes de difícil mensuração como, por exemplo, **a emotividade, o valor de estima e a qualidade percebida**.

QUADRO SINTÉTICO SOBRE PRODUTO E INTERATIVIDADE NO USO

APLICAÇÃO PRÁTICA DO METAPROJETO
TECNOLOGIA PRODUTIVA E MATERIAIS EMPREGADOS

Exemplo aplicativo realizado a partir de exercícios da disciplina Metaprojeto para o programa de mestrado em engenharia de materiais da Redemat (consórcio entre a UEMG, UFOP e CETEC) por intermédio do aluno Alecir Carvalho, com o tema: Metaprojeto – Análise do produto CD-Box (figuras 01-20).

CARACTERÍSTICAS MATERIAIS DO PRODUTO

PROPOSIÇÃO: Descreva as características materiais do produto em estudo, a proposta conceitual (concept) ou análise corretiva (diagnose), a partir do desmembramento dos componentes principais que o configurem como um artefato industrial. Em caso de uso de materiais distintos, empregados em diferentes componentes do mesmo produto, efetue a análise, individualmente, por parte.

APLICAÇÃO POR PARTE DO ALUNO: No produto "Embalagem de CD convencional", as caixas ou capas do CD (abreviação de "Compact Disc"), conhecidas como "CD-Box" (o mesmo que Jewel Box) ou popularmente como "Box de CD", são de GPPS (Poliestireno Cristal para uso Geral – General Purpose Polystyrene). Trata-se de um polímero transparente, rígido, atóxico e de excelente qualidade dimensional.

O "tray" (bandeja ou berço do CD), que vem encaixado na parte interna da base, possui uma coroa central, com dentes que servem para fixar o CD-disk. O "tray" é fabricado a partir do material HIPS (Poliestireno Alto Impacto – High Impact Polystyrene), apresentando características de rigidez, atoxidade, opacidade e excelente resistência ao impacto e ao alongamento.

CARACTERÍSTICAS DIMENSIONAIS DO PRODUTO

PROPOSIÇÃO: Descreva as características dimensionais do produto em estudo: "proposta conceitual (concept) ou análise corretiva (diagnose)", considerando, inicialmente, o produto já pronto para a sua comercialização. A seguir, apresente as dimensões dos principais elementos e componentes do produto desmembrado.

APLICAÇÃO POR PARTE DO ALUNO: O "CD-Box", propriamente dito, composto por parte inferior (base) e parte superior (tampa) articuláveis entre si, já montado e pronto para uso, possui as seguintes dimensões: 10 mm de espessura, 125 mm de largura e 143 mm de comprimento. O CD-Box contém ainda o "tray" (bandeja ou berço do CD) interno e encaixado na base, contendo uma coroa central, com dentes, que servem para fixar o CD-disk. O "tray", separadamente, mede 08 mm de espessura na sua parte mais alta e 02 mm de espessura na sua parte mais baixa, 120 mm de largura e 140 mm de comprimento.

A. IMAGENS ILUSTRATIVAS, PARA MELHOR ENTENDIMENTO DAS CARACTERÍSTICAS DO PRODUTO EM ESTUDO.

Figura 1
Embalagem Externa

Figura 2
CD Box

Figura 3
Tray

Figura 4
Encarte

CADEIA PRODUTIVA DOS MATERIAIS EMPREGADOS NO PRODUTO

PROPOSIÇÃO: Descreva a cadeia produtiva dos principais materiais utilizados no produto em estudo, e elabore um gráfico ou ilustração para melhor entendimento sobre o processamento, desde a matéria-prima bruta até a sua aplicação definitiva nos artefatos como matéria-prima acabada.

APLICAÇÃO POR PARTE DO ALUNO: O poliestireno, matéria-prima principal na confecção do referido CD-Box, apresenta o seguinte percurso dentro da cadeia produtiva, como indicado no site do próprio fabricante do produto CD-Box, a Videolar:

POLIESTIRENO: CADEIA PRODUTIVA

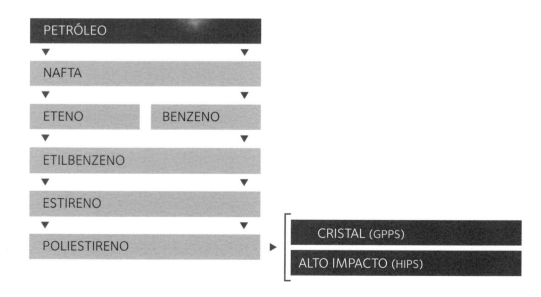

Figura 5
Cadeia produtiva do poliestireno

Fonte: Videolar

- Eteno + Benzeno = Etilbenzeno;

- O Etilbenzeno passa pelo processo de Desidrogenação (alquilação) e dá origem ao Estireno;

- O Estireno, quando Polimerizado pelo mecanismo de formação de radicais livres, dá origem ao Poliestireno;

- O Poliestireno pode ser dividido em:
HIPS (Poliestireno Alto Impacto) – utilizado no "tray";
GPPS (Poliestireno Cristal para uso Geral) – utilizado na cobertura e no corpo do CD-Box.

O Poliestireno aparece na literatura científica, por volta de 1839, quando o professor P. L. Simon, da Academia Berlinense de Arquitetura, obteve essa resina por polimerização espontânea do estireno exposto à luz solar. Em 1922, Dufrisse e Mureau descobriram agentes inibidores da polimerização e essenciais para a conservação do monômero em estado líquido. Sua fase industrial iniciou-se a partir de 1935 com a BASF (na Alemanha) e, em 1937, com a Dow Química (nos Estados Unidos), quando passou a ser produzido em larga escala. A primeira fábrica que surgiu no Brasil, em 1949, foi a Bakol S.A. (em São Paulo). O Poliestireno é também conhecido pela sigla PS (Polystyrene).

PROCESSO PRODUTIVO APLICADO AO PRODUTO

O processo produtivo dos artefatos industriais é uma consequência direta dos atributos físicos, formais e materiais dos produtos destinados à produção seriada. A concepção de novos produtos, de forma planejada, sistêmica e consciente, pode determinar antecipadamente importantes aspectos como: sua complexidade produtiva, a facilidade operacional na linha de montagem, o controle no volume de estoque da empresa, o reduzido impacto ambiental por meio do correto uso das matérias-primas, a racionalização produtiva pelo emprego de poucas operações, o uso de poucos ferramentais, o ciclo de vida do produto previamente programado, até a reciclagem final do produto após o "desuso".

APLICAÇÃO POR PARTE DO ALUNO: No caso do produto CD-Box, dividiu-se o processo produtivo em três partes distintas que compõem o produto:

- Corpo do CD-Box: a fabricação do corpo do CD-Box é realizada por injeção de poliestireno, em molde de aço AISI P20, tanto na parte superior e inferior, quanto no tray, que tem versão opcional em pigmentação colorida.

- Encarte do CD: o encarte, de um modo geral, é confeccionado por meio de impressão colorida em papel couché, pelo sistema gráfico offset.

- Revestimento externo: a embalagem plástica externa, também utiliza o poliestireno, porém em versão lâmina ou filme.

Fatores tipológicos, formais e ergonômicos

A definição da tipologia dos artefatos industriais contemporâneos é uma consequência de vários fatores que acabam por determinar a configuração formal dos produtos de uso diário. Já vimos anteriormente, importantes atributos materiais e também imateriais que, no decorrer do seu percurso evolutivo, principalmente aquele destinado aos objetos de produção seriada, trouxeram novas possibilidades para a cultura do projeto e, consequentemente, novos caminhos para a cultura produtiva industrial.

6. FATORES TIPOLÓGICOS, FORMAIS E ERGONÔMICOS

É bem verdade que os **fatores de uso, tipológicos e ergonômicos**, aplicados aos produtos industriais, além de responderem a função primeira de **promover uma melhor relação (otimização) entre homem/espaço/produto**, podem também, em alguns casos, **delinear ou definir a tipologia formal dos produtos.**

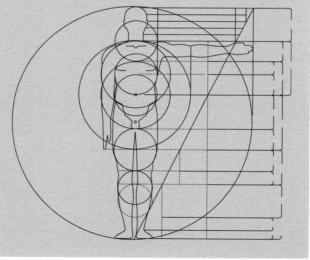

QUADRO SINTÉTICO SOBRE FATORES TIPOLÓGICOS E ERGONÔMICOS

Dentre estes, destacamos, a tipologia de base (basic design) que orienta a forma do produto seguindo parâmetros essenciais para a sua existência. Com o passar dos tempos, novas condicionantes foram inseridas no âmbito projetual e na práxis de concepção dos novos produtos industriais. Nessa mesma linha de raciocínio, podemos destacar as qualidades derivadas como os fatores sensoriais, emocionais e psicológicos, que hoje determinam uma melhor interface entre homem/produto/ambiente. A funcionalidade e a usabilidade são realmente muito importantes, mas outras relações devem também ser consideradas na interatividade do homem com os objetos como: o prazer, a alegria, a excitação, o medo, a ânsia dentre muitos outros mais. Como diria Giovanni Anceschi: "novas qualidades estéticas e estésicas foram inseridas" (ANCESCHI, 2001, p. 24).[6]

Sabemos que a "função primária" dos objetos é, teoricamente, o motivo de sua existência, por exemplo, os óculos servem para nos fazer enxergar melhor, mas é necessário que haja as hastes que os prendam em nossas orelhas ou no nariz e, que sirvam também para sustentar as lentes. Nesse caso, a maneira como se dispõem esses elementos nos permite várias possibilidades de exploração dos fatores secundários como: a composição estética, a escolha de materiais, as cores e texturas e, de igual forma, o acabamento final. Hoje, com o avanço da tecnologia e da qualidade produtiva, as funções tidas como secundárias passaram a ser as de maior peso na decisão de uma compra, por parte dos consumidores. Considera-se que as funções primárias devem mesmo estar presentes, pois são elas o próprio motivo da existência do produto no atendimento das necessidades coletivas, enquanto as funções secundárias estimulam os desejos e as emotividades individuais.

ERGONOMIA E FATORES COGNITIVOS

O ser humano - todavia - **não é somente uma entidade corpórea** que necessita de espaço, mas que possui também a não menos importante **dimensão emotiva**. Os modos pelos quais se dimensiona um ambiente, divide-se o espaço, colore-se, ilumina-se e decora-se têm, de igual forma, uma importante consequência sobre o modo pelo qual **o ambiente é percebido emotivamente pelos usuários.**

E. Neufert

QUADRO SINTÉTICO SOBRE ERGONOMIA E FATORES COGNITIVOS

---

[6] Ver também a trilogia de Maldonado: MALDONADO, Tomás. *Reale e virtuale*. Milano: Ed. Feltrinelli,1993; *Critica della ragione informatica*. Milano: Ed. Feltrinelli, 1997, e *Memoria e conoscenza: sulle sorti del sapere nella prospettiva digitale*. Milano: Ed. Feltrinelli, 2005.

A evolução tecnológica, com a possibilidade de aplicação e uso de diferentes matérias-primas (como a miniaturização dos componentes e a evolução dos polímeros), rompeu com os paradigmas preestabelecidos que justificavam a antiga máxima: "a forma segue a função", chegando à fase atual, em que diversos estudiosos consideram que "a forma segue o bom-senso e a emoção". Segundo Donald Norman,

> "Mercados distintos" deveriam ter "design distintos". Alguns deveriam proporcionar uma relação mais quente, mais feminina. Outros deveriam parecer mais sérios, mais profissionais. Outros, ainda, deveriam apresentar um apelo mais reflexivo, especialmente aqueles voltados para o setor didático [...]. A distinção entre os termos "necessidade" e "desejo" é o modo tradicional de descrever a diferença entre aquilo que é realmente necessário para as atividades de uma pessoa, que é a sua precisão, contra aquilo que, em vez disso, ela gostaria de ter, que é o seu desejo. (Norman, 2004, p. 40-41)

Esses novos paradigmas abriram outras possibilidades para a qualidade estética dos produtos industriais, passando do estudo da tipologia básica para um campo mais abrangente de estudo, como o da tipologia formal e cognitiva dos objetos. Segundo Sebastiano Bagnara:

> [...] na luta por um projeto à medida do homem, muito pouco espaço foi destinado ao gosto, ao desejo do belo e ao prazer, à dor, ao ódio e ao amor, à distração e ao ócio. Existia uma ânsia pela prestação do serviço, pelo resultado a ser obtido de forma mais veloz possível e sem espaço para erros. (BAGNARA, 2004, p. VIII)

Mas na verdade, como é sustentado por diversos estudiosos, nós não somos muito aficionados às coisas em si, mas às relações que as coisas representam para nós mesmos, e isso muitas vezes não era considerado pelo design.

A ergonomia, na verdade, historicamente se consolida como uma atividade que considera os limites do corpo humano, estáticos e dinâmicos, no exercício da sua função de interação com os objetos e o espaço circundante, em que se vive e se trabalha. Mas, segundo Ernest Neufert,

> [...] o ser humano, todavia, não é somente uma entidade corpórea que necessita de espaço, mas que possui também a, não menos importante, dimensão emotiva. Os modos pelos quais se dimensionam um ambiente, dividem-se, colorem, iluminam e decoram os espaços, têm, de igual forma, uma importante consequência sobre o modo pelo qual o ambiente é percebido emotivamente pelos usuários. (NEUFERT, 1999, p. IX)

De igual forma, Donald Norman, no seu comentado livro, *Emotional Design*, descreve três níveis de design que por ele são definidos como: "design visceral; design comportamental e design reflexivo". Para esse estudioso, o "design visceral" se baseia por inteiro no impacto emocional e de apelo imediato. Segundo esse autor, muitas vezes, a reação visceral ao aspecto exterior funciona tão bem que as pessoas, após uma rápida olhada, dizem: "Eu quero". Somente a seguir pode ser que pergunte: "Para que serve?" E por último, "Quanto custa?" Tomemos como exemplo de design visceral os produtos de casa e cozinha da empresa italiana Alessi, com seus aspectos jocosos, de formas atraentes e prazerosas, alegres, coloridos e divertidos. O "design comportamental", por sua vez, tem como base somente a funcionalidade e o uso eficaz. A aparência não importa muito, o que realmente importa é a boa prestação de serviço por parte do produto. Para o design comportamental, a primeira prova pela qual um produto passa é a de resolver o problema que motivou sua existência, por exemplo, uma faca para cortar carne ou peixe; um balde para transportar água ou uma ferramenta para trabalho doméstico. Já o "design reflexivo", por fim, cobre um território muito vasto. É completamente ligado à mensagem, à cultura e ao significado de um produto; tomemos, nesse caso, para exemplo, os relógios da empresa Suíça Swatch, fabricante que transformou o relógio em uma expressão de moda e de estilo de vida. Essa empresa, declara, com muito orgulho, em suas peças publicitárias e no seu próprio web site, que não produz relógios, mas sim emoções.[7]

É importante entender a expressão dos artefatos não somente como alusão a um plano funcional, mas também como local de mediação entre a mensagem e as intenções do uso. Ao interagir com os produtos por meio de ações como: perceber, cheirar, ver, sentir, tocar e experimentar, imaginamos o usuário fazendo perguntas virtuais na espera de posteriores respostas concretas. Tudo isso aumenta o desafio dos designers na concepção de novos produtos e nos demonstra a complexidade de nossa atuação profissional nos dias atuais. Para Salvatore Zingale,

> [...] a usabilidade poderia então ser entendida como uma "interpretação guiada": porque, neste caso, a atividade interpretativa acontece sem nenhum esforço, como se fosse auxiliada, orientada e conduzida por um ajudante invisível, em direção a uma conclusão óbvia. Isso acontece quando a atividade interpretativa vai por si mesma, como por hábito, como uma técnica esquecida na nossa memória. Nos termos de James Gibson, a usabilidade de um artefato pode ser individualizada na totalidade – e na eficácia-eficiência – da affordance que esse oferece ao sujeito/usuário; e essa totalidade de affordance é determinada pela capacidade do artefato de deixar-se interpretar, de permitir que o usuário interfira no próprio programa de uso e as modalidades de atuações [...]. Assim, perguntas como "o que acontece na mente de um designer durante a ação projetual" não apresenta somente caráter psicológico, mas também lógico, porque a questão é posta como busca de solução para uma dúvida ou enigma. Estamos, então, no campo da lógica semiótica de Charles Peirce e na sua visão teórica da "lógica das ações" e do sentido que as ações constroem na práxis científica. (ZINGALE, 2008, p. 62-65)

Para Alessandro Deserti,

> A estrutura hierárquica dos atributos e das funções do produto é definida segundo um modelo de classificação preciso que distingue quatro tipologias:
>
> A. *Função principal (ou básica),* que corresponde à função operativa do produto. Essa função deve ser salvaguardada e mantida, mas não é suficiente para garantir o sucesso do produto no mercado;
>
> B. *Funções secundárias,* que correspondem às funções suportes ou de melhoramento para execução da função principal, que podem, ao contrário, ser determinantes para o sucesso de um produto;

---

[7] NORMAN, Donald A. "I tre livelli del design". In: *Emotional design: perché amiamo (o odiamo) gli oggetti della vita quotidiana.* Milano: Apogeo srl, 2004. p. 64-97.

C. *Funções de uso,* que representam ações no campo físico e concreto e são normas facilmente mensuráveis e quantificáveis na definição das características;

D. *Funções de estima,* que representam ações no campo psicológico, fato que as torna de difícil mensuração e quantificação. Essas funções contribuem, em grande parte, para a definição dos valores formais dos produtos. (DESERTI, 2001, p. 241)

Hoje, a questão da imaterialidade e virtualidade dos produtos ou produtos-serviço, exige dos designers mais capacidade de interpretação de códigos percebíveis pelos usuários que talento para definir a forma plástica e estética. O problema formal é de natureza física, e grande parte dos produtos atuais (vide os produtos de comunicação, jogos eletrônicos, entretenimentos e virtuais), na verdade, não apresentam dimensões concretas, sendo apenas serviço. Em nossas faculdades de design, ainda existe um *gap* no âmbito dos estudos da ergonomia voltada para os produtos serviços e das questões que envolvem a imaterialidade; nesse espaço, podem ainda ser inseridos os estudos de jogos e entretenimentos que, ao contrário das referências aos produtos físicos bi e tridimensionais, carecem de literatura e de pesquisa consolidada. Utilizando as palavras de Patrick Jordan, ainda não foi consolidado, no âmbito do design, o estudo do psico-prazer, que diz respeito à reação e ao estado psicológico das pessoas enquanto utilizam os seus produtos.

Sobre esse argumento, sustenta Flaviano Celaschi:

ERGONOMIA, FORMA E FUNÇÃO

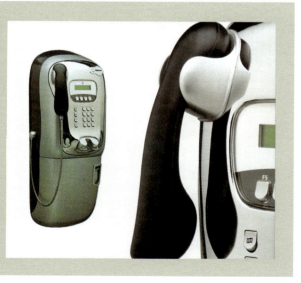

A **forma** não segue mais a **função**, mas a **emoção** e o **bom-senso**.

QUADRO SINTÉTICO ERGONOMIA, FORMA E FUNÇÃO

> Basta considerar o fato de que a maior parte do valor de troca que existe hoje no mercado se dá por meio de produtos que não possuem corpo físico; apontamos que a nova fronteira se chama e-commerce, mas estamos já praticando uma extensão mais geral de uso da prática de *Information Communication Technology (ICT)* operacionalizado como *e-business* [...]. O designer aprendeu a utilizar o seu aparato técnico-metodológico em função dos desafios de conjugar as necessidades e desejos dos consumidores, que lhe forem repassados. Aprenderam a projetar bens que eram vendidos antes mesmo de serem produzidos [...] hoje, os designers estão aprendendo a projetar produtos que, de concreto, não possuem nem mesmo o catálogo, que não serão expostos em vitrines, que jamais serão tocados e nem mesmo experimentados pelo consumidor, ao qual foi originalmente destinado. (CELASCHI, 2000, p. 150-151)

De fato, grande parte das tecnologias hoje disponíveis, são de caráter relacional, de interações e inter-relações sociais, de relações emocionais entre pessoas e grupos, e nem sempre estão presentes de forma física, mas, na grande maioria das vezes, são virtuais. O prazer e a emoção de tocar um objeto físico, divide espaço hoje com o crescente aumento das relações do mundo virtual. Toda essa realidade pede novas considerações por parte dos designers, em nível cognitivo e emocional, em busca de migrar o foco do projeto do mundo físico àquele psico, do tato à emoção, da sensação ao sentimento, da face à interface.

Continuando na linha de raciocínio do nosso exemplo, por meio da análise do produto CD-Box, é possível enumerar alguns pontos metaprojetuais relativos aos fatores tipológicos, formais e ergonômicos.

■ APLICAÇÃO PRÁTICA DO METAPROJETO
TIPOLOGIA FORMAL DO PRODUTO

PROPOSIÇÃO: Muitos dos artefatos industriais são referência e resultado da sua função primária (basic design), desconsiderando, por vezes, as suas funções secundárias e derivadas, que poderiam conferir ao produto diferenciais que ainda não foram percebidos pelos usuários, e que poderão ser explorados comercialmente pelos produtores. Faça a análise da embalagem do CD.

APLICAÇÃO POR PARTE DO ALUNO: Na embalagem do CD-Box, pode-se perceber que a tipologia formal desse produto nos conduz à forma básica do CD (o círculo) e seu contorno em forma de invólucro (o quadrado). É necessário perceber que o resultado final da tipologia formal do CD-Box, seguiu a duas formas primárias (quadrado e círculo), que cumprem apenas a função primeira de envolver e proteger o disco. Nesse caso, fica nítida a força dos fatores objetivos do projeto, em detrimento dos fatores subjetivos e imateriais que poderiam, ao ser considerados, proporcionar novas possibilidades tipológico-formais de um CD-Box.

EXEMPLO ILUSTRATIVO:

A tipologia formal do Box externo se baseia nas dimensões do CD-Rom;

Figura 6
CD-Box – Foto em vista superior
Figura 7
CD-Box – Foto em perspectiva

O Design Gráfico pode ser livremente trabalhado no espaço destinado ao encarte, porém respeitando as dimensões existentes do Box;

Figura 8
Encarte – Design gráfico

A forma externa do produto baseia-se no quadrado. Isto é, em uma forma geométrica primária;

Figura 9
CD-Box – Forma geométrica

É importante que, após análise sobre a tipologia formal, seja averiguado se o produto em estudo apresenta alguma inovação tipológico-formal que esteja refletida na sua estética e forma final.

Tipologia de uso e aspectos ergonômicos

A tipologia de uso normalmente é sugerida pela própria relação homem/produto (ergonomia). Esse importante aspecto se apresenta, muitas vezes, como uma derivante natural das características necessárias de uso durante o funcionamento do próprio produto como: rapidez de acesso – nos casos de equipamentos de segurança, utensílios médicos e de salvamento –; necessidade que a prestação de serviço esteja em estreita relação com o usuário, como nos casos de ferramentas de trabalho – martelo, chaves de fenda, tesouras etc... – ou ainda, quando se consideram aspectos mais ou menos subjetivos, como, por exemplo, as opções de uso de uma alça de uma bolsa feminina – do tipo tiracolo, de braço, de mão – ou mesmo a possibilidade de exclusão da alça.

Igualmente, como acontece com a tipologia formal, a tipologia de uso deixa, cada vez mais, de ser uma derivante incondicional das funções primárias, passando a ser um elemento inovador (com novas possibilidades de prestação de serviço) derivado das funções secundárias dos produtos industriais. Nesse sentido, vale a pena recordar, inicialmente, o Walkman da Sony e, posteriormente, o Ipod da Apple. Produtos que possibilitaram a união de duas funções anteriormente distintas como ouvir música e locomover-se ao mesmo tempo.

Independentemente de a tipologia de uso ser uma derivante da função primária, secundária, ou da união das duas, é importante salientar que o produto deve, primeiro, comunicar/indicar/sugerir o seu uso, e segundo, cumprir com qualidade e segurança o seu papel de interface entre a função a que se destina e o usuário. A ergonomia, nesse caso, em toda a sua forma abrangente de aplicação, torna-se uma importante ferramenta de referência e de direcionamento para os designers.

No caso do CD-Box, tomado como exemplo inicial, a tipologia de uso e as suas características ergonômicas foram minuciosamente analisadas, o que demonstramos a seguir, em forma ilustrativa para melhor entendimento da aplicação do metaprojeto no que diz respeito aos aspectos ergonômicos.

No ato de abrir a embalagem plástica externa que envolve o produto, é necessário o uso de um instrumento de espessura fina ou pontiaguda. Com isso é demonstrada a dificuldade de acesso ao uso do produto;

Figura 10
CD-Box – Abertura

Após retirar a embalagem de lâmina plástica, percebe-se não existir qualquer indicação externa para abrir o Box, o que representa uma dificuldade de uso para aqueles que o utilizarão pela primeira vez;

Figura 11
CD-Box – Indicação externa de abertura do Box

Grande parte dos Box de CD apresenta dentes da coroa do tray quebrados, permitindo que o CD fique solto dentro do Box, expondo-o a danos como arranhões ou quedas;

Figura 12
Tray – Dentes da coroa do tray

Em alguns casos, o ajuste entre a coroa do tray e o CD é muito pequeno, dificultando a retirada e o reposicionamento do CD dentro da embalagem;

Figura 13
CD-Box – Ajuste entre a coroa do tray e o CD

A retirada e a colocação do encarte requerem muito cuidado, pois existe o risco de o encarte ficar preso em um dos anteparos existentes, tendo, assim, o papel danificado;

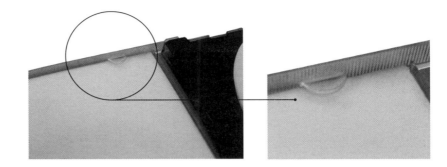

Figura 14
CD-Box – Anteparos da tampa do CD-Box

O polímero poliestireno cristal, utilizado na fabricação do CD-Box, embora tenha qualidades como transparência e rigidez, apresenta, por outro lado, fragilidade ao choque, possibilitando trincas e quebra do produto;

Figura 15
CD-Box –Fragilidade do CD-Box

A tampa do CD se rompe na articulação com o Box;

Figura 16
CD-Box – Fragilidade da articulação da tampa com o CD-Box

Existência de mecanismo de giro (facilmente propenso à quebra) na abertura da tampa do CD- Box;

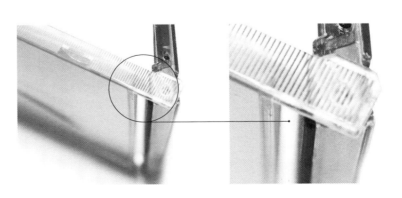

Figura 17
CD-Box – Mecanismo de giro na abertura do CD-Box

Dificuldade para retirada do CD-Rom de dentro do tray.

Figura 18
CD-Box – Dificuldade para retirar e colocar o CD no tray

Existência de esbarro na tampa do CD-Box dificultando a saída e a entrada do encarte;

Figura 19
CD-Box – Dificuldade para retirar e colocar o encarte na tampa do CD-Box

Imprecisão dos encaixes de trava entre a tampa e o corpo do CD-Box.

Figura 20
CD-Box – Imprecisão dos encaixes de trava entre a tampa e o corpo do CD-Box

É importante que, após as análises dos fatores tipológicos e ergonômicos, seja averiguado se o produto, em estudo, apresenta alguma inovação no item tipologia de uso e aspectos ergonômicos, e se isso se reflete no modo de uso do produto. É de igual forma importante que o produto em estudo seja analisado quanto aos aspectos tipológicos de uso e ergonômicos em toda sua potencialidade, considerando-se todas as interatividades possíveis em relação ao usuário.

Constelação de valor

O conceito de cadeia de valor introduzido por Michael Porter no final dos anos 1980, inicialmente de forte ênfase econômica, diz respeito à sequência de fases compreendida de fabricação, comercialização e distribuição do produto. Essa sequência, que vai desde a obtenção da matéria-prima, seu beneficiamento e produção, até chegar ao consumidor final, ganha hoje a dimensão ampla de rede dinâmica ou constelação de valor, alargando o seu raio de ação e, por consequência, a sua complexidade de inter-relações. A cadeia de valor hoje é percebida como o conjunto de conhecimentos e expertises aplicados por diferentes atores em diversas partes da cadeia produtiva que, ao ver alargada a existência de diferentes ações durante o processo produtivo, configura-se como uma rede ou constelação de valor (observa-se que o valor agregado aumenta durante a passagem de cada uma destas ações). Para Alessandro Biamonti

> Se a cadeia produtiva clássica pode ser esquematizada por meio de uma sequência precisa de fases que envolvem competências e operações em um tempo determinado (conferindo, portanto, certa rigidez ao sistema), o modelo produtivo contemporâneo, ao contrario, é composto por uma estrutura decididamente menos rígida, porque agrega competências transversais aos diversos âmbitos disciplinares, adaptando às diversas necessidades em função do tipo de operação. (BIAMONTI, 2007, p. 21)

Por outro lado, o design também deixa, cada vez mais, de ser considerado como uma atividade que opera somente no âmbito tecno-formal, passando a atuar por toda a constelação de valor que envolve o produto inclusive nos âmbitos subjetivos e imateriais, redesenhando o seu próprio papel dentro da tradicional cadeia de valor nos moldes anteriormente determinados. Com isso, podemos então dizer que a rede ou constelação de valor é também objeto de design, isto é: uma estratégia projetável e de pré-concepção por parte dos designers. De acordo com Krucken: "Assumindo que uma cadeia de valor possa ser projetada, reforça-se a importância do design nesse processo, tanto na criação de maneiras de representar visualmente a cadeia de valor como na própria visualização, antecipação crítica e estratégia" (KRUCKEN, 2009, p. 83). Nesse sentido, o conteúdo imaterial de um bem se torna também objeto de atenção por parte do design, ou seja: de conceituação e de projeto, pois na atualidade existem cada vez mais tecnologias disponíveis para a produção de objetos e sempre menos conceitos sólidos para concebê-los. Dentro dessa lógica apresentada, passa a ser também objeto de estudo pelo designer, além da forma, o serviço, a comunicação e o próprio ciclo de vida do produto. Concordamos com o que foi apontado por Simon, que o design deve ser entendido como uma "ciência do artificial".[8] Assim, podemos colocar o design dentro da cultura do projeto destinado também a reconhecer e criar valores como os apontados por Richard Normann que vê no termo "valor" um sentido de interpretação mais ampliado, sugerindo, inclusive, uma possível "teoria do valor", segundo o autor "pode-se refletir sobre valor em uma série

---

[8] SIMON, Herbert. *Science of the artificial.* Cambridge, Mass.: MIT Press, 1969.

de campos distintos: economia, justiça, estética, equidade social e ética".[9] Tudo isso nos leva a concluir que o designer deva operar considerando todo o arco da constelação de valor, mesmo nos âmbitos aparentemente mais distantes dessa atividade e de sua função percebível em primeiro plano.

A constelação de valor é, portanto, uma ação multidisciplinar na qual estão inseridas contribuições de várias disciplinas de aspectos e caracteres múltiplos. Valor é, então, aquilo que é relevante e, por isso mesmo, contempla as cargas afetivas, simbólicas e, de igual maneira, as culturais. A possibilidade de inserir valores intangíveis em um produto nos coloca diante de um grande desafio, pois nos remete a uma aproximação com as disciplinas psicológicas e comportamentais, sociais e humanas e, do mesmo modo, as de cunho mercadológico que melhor nos embasariam em relação às necessidades e desejos dos consumidores. Esses mesmos consumidores, representam, por sua vez, um grande papel para a continuidade e sucesso da rede valor. O conceito de *affordance,* por exemplo, nos remete ao desafio de instituir um "valor diferenciado" ao produto, ou seja, o convite ao seu uso. Para Zingale,

> A teoria da *affordance* "implica que os valores e os significados" das coisas e dos ambientes podem ser percebidos diretamente, acrescentando que tais valores e significados são externos ao perceptor [...]. As informações contidas no ambiente se transformam em expressões: signos, dos quais sentido e significado tornam-se uma ação que conduz a um efeito. (ZINGALE, 2008, p. 63)

Assim, como poderemos reagir diante de uma inovadora maçaneta de porta de casa ou de automóvel, da qual não compreendemos o modo de manuseio? E nem mesmo compreendemos o que esse objeto quer nos comunicar ao sugerir o seu uso: deveríamos apertar, levantar ou empurrar a maçaneta? Tudo isso tem a ver com a inevitável relação entre usuário e produto e na busca pela denominada "usabilidade percebida", em que o usuário elabora prévia e mentalmente uma hipótese sobre a modalidade de uso dos objetos. Nas críticas feitas pelo semiólogo Umberto Eco, durante uma de suas lições para o Programa de Doutorado em Design do Politecnico di Milano, ele atesta, de forma crítica e curiosa, como os designers vêm, cada vez mais, perdendo a capacidade de fazer com que o produto comunique o seu uso.

O conceito de valor ganhou força no âmbito da concepção dos produtos, quando o problema do design deixou de habitar somente a esfera da produção industrial e atingiu a da relação entre mercado e cliente, açambarcando as dimensões sociais, de identidades culturais e enfoques ambientais de difícil mensuração, alterando o habitual processo de consumo até então existente. Na verdade, o caráter mutante do nível de exigência do consumidor atual nos indica que devam ser ofertados hoje produtos que transmitam mais emoção, maior "valor de estima" e melhor interatividade. Novas formas de sensibilidade por meio da visão (cores), do tato (textura) e do olfato (cheiro) favorecem, em muito, a capacidade de interação do usuário com o produto. Deve também ser previsto o conceito

---

[9] NORMANN, Richard. *Ridisegnare l'impresa: quando la mappa cambia il paesaggio.* Milano: Etas, 2003.

de "valor de estética" que hoje se desvincula, cada vez mais, do tradicional dualismo entre bonito e feio. Tempos atrás, a estética era considerada no design somente pelo viés de conceitos como a teoria da forma, mas, hoje, usando as palavras de Baudrillard, podemos dizer que a estética se tornou uma teoria dos signos e das suas coerências internas por meio de novos significados e significâncias que estão intimamente relacionadas à semiótica.

Hoje, a decisão de aquisição de um produto por parte do consumidor – tomemos, como exemplo, o mercado da moda – pode ser definido por um sex appeal despertado no cliente pela roupa ou acessório escolhido, ou mesmo pela segurança e valorização da autoestima proporcionadas. Muitas vezes, a decisão de escolha de um produto deixa a questão da forma e da função como referências únicas e que poderiam inicialmente sugerir a sua aquisição. Quando isso acontece, presenciamos o prevalecer de um valor sobre outro, que poderia estar relacionado ao valor emocional, dentro do completo sistema de relações produto-consumidor. Muitas vezes, o valor não está somente no produto, mas na nossa relação psicológica e social com ele, daí a importância inconteste do consumidor dentro da constelação de valor. Existe também o poder do fetichismo e referência ao *cult* proporcionado por alguns produtos, enaltecendo o seu sentido e a sua existência, aquilo que Carmagnola e Ferraresi denominam de animadvetising (um artefato dotado de intencionalidade formal e de linguagem, dando alma a um ser inanimado) referindo-se aos "objetos de culto".[10] Tudo isso nos faz refletir sobre a complexa questão de interface entre o valor e o usuário, ou seja: como poderíamos perceber e explorar os valores existentes nos produtos, pois os artefatos possuem dimensões distintas como a fisiológica, a sensorial e a simbólica. Dessa forma, podemos, então, realmente concluir que a inserção de valores no produto seja realmente algo projetável. Por isso mesmo, deixamos o incipiente âmbito da cadeia de valor para chegarmos a uma dimensão ainda maior, legitimamente denominada de rede e/ou constelação de valor.[11]

Dentre as diversas ramificações do termo valor, destacamos o value engineering, também conhecido como *value analyses* que é utilizado para agregar valor ao produto, tendo como base o incremento da funcionalidade, do desempenho e da qualidade do produto, além da imprescindível redução de custos. De fato, as primeiras aplicações da "análise de valor" surgem no final dos anos 1950 dentro da empresa americana *General Eletric*, que desenvolve uma metodologia própria com a finalidade de reduzir os custos dos seus produtos sem que seja comprometida a sua capacidade funcional e de prestação de serviço. A análise de valor, nasce, portanto, com duas missões bem objetivas: reduzir custos e incrementar a satisfação do produto para o cliente. A partir de então, surge também o "valor percebido", que pode ser definido como a relação entre o nível com que um produto satisfaz uma necessidade (presta um serviço) e o preço pago pelo cliente. Surge também a "qualidade percebida", que pode ser o resultado somado de várias dimensões de valor,

---

[10] Ver: CARMAGNOLA, Fulvio; FERRARESI, Mauro. *Merci di culto: ipermece e società mediale.* Roma: Castelvecchi, 1999.
[11] Ver: NORMANN, R.; RAMIREZ, R. *Le strategie interattive d'impresa: dalla catena alla costellazione del valore.* Milano: Etas Libri, 1995.

dentre eles, o valor de uso, o valor emocional, o valor cultural e o econômico, que, juntos, geram uma percepção e valorização global do produto por parte do consumidor final. A qualidade percebida, normalmente, envolve três momentos do produto: antes, durante e após o seu consumo. A avaliação dessas fases pelo usuário é que determina a qualidade percebida.

Devido à dinâmica de mercado, as alternâncias de necessidades por parte dos consumidores e as constantes mudanças dos cenários sociais[12], surgiram novas possibilidades de valor vinculado ao produto industrial como o "valor de uso" que está ligado à própria função do produto e sua capacidade de exercê-la com maior presteza e qualidade (intimamente ligada à qualidade percebida). O valor de uso normalmente se refere à função primeira do produto, mas, ao longo dos tempos, tem sofrido mutações de significado radicais, uma vez que os produtos cada vez mais estão deixando de ser monofuncionais ao assumir características híbridas. Muitos produtos apresentam ainda usos efêmeros e mesmo a oferta de serviços de cunho temporário, desvinculando-se até mesmo do sentido de propriedade por parte do usuário. Existe também o "valor de troca" que representa quanto o consumidor estaria disposto a pagar para haver o produto desejado (este muito ligado ao valor percebido); existe, ainda, o "valor relacional" que se refere a um nicho de consumidores que, apropriando-se de certo produto, procuram uma melhor relação com a sociedade em que vivem, com outras pessoas e consigo mesmos. Segundo Celaschi, "Existe ainda o 'valor do design' que é intrínseco ao produto e que, muitas vezes, é definido como: elevado, agregado, sensível, único e diferencial" (CELASCHI, 2000, p. 3). Tudo isso, hoje, demonstra o quanto "o valor" deixou de ser visto como uma vertente exclusiva do ponto de vista econômico, de referência acentuadamente objetiva, produtiva e técnica, voltada para o custo, pois, anteriormente, era assim considerado no âmbito do design. Dessa forma, continua Celaschi:

> A ética protestante integrou o designer dentro da lógica capitalista. O designer contradiz, portanto, aquilo que Corrigan chama de "ética romântica de consumo", em que não se aceita que o valor do projeto seja destinado a satisfazer o "desejo" em vez da "necessidade"; a condição de operador social impedia que fosse considerado "o desejo" até que fossem atendidas, primeiro, todas as necessidades primárias e secundárias. (CELASCHI, 2000, p. 3)

Essa mudança de visão e prática dos designers teve início a partir dos anos 1960 (década que levantou questões como liberação feminina, sexualidade, drogas e ideologias políticas), quando diversos dogmas foram repensados e diversas rupturas instituídas no âmbito comportamental da nossa sociedade. Inclusive, dentre elas, na própria sociedade de consumo, fato que refletiu de maneira significativa também no âmbito da cultura do design e na cultura produtiva industrial. Basta admitir que nessa década destacou-se o fato de a arte transmitir ao produto industrial a sua própria áurea como bem explorado no design gráfico, a partir das interferências do artista americano Andy Warhol, que passou

---

[12] Hoje, é mais indicado entender a composição e alteração do cenário social em que vivemos do que buscar entender o desejo do consumidor de forma isolada.

a utilizar embalagens de sopas e de detergentes em suas obras e instalações, abrindo ou estendendo a fronteira perceptivo-sensorial entre arte, design e comunicação. Isso proporcionou, a partir dos anos 1960, uma nova possibilidade para que os produtos não necessariamente satisfizessem uma necessidade primária como "valor de uso", mas um desejo, um comportamento, novos sentidos e emoções como o "valor afetivo" e o "valor de estima".

A dimensão metaprojetual, portanto, se propõe também como uma ferramenta voltada para o alargamento dos conhecimentos e informações do designer, em busca de melhor guiá-lo dentro dos aspectos que se referem à constelação de valor inerente ao produto industrial, principalmente aqueles relativos aos valores intangíveis e imateriais que compõem hoje a complexidade projetual.

aplicação prática do metaprojeto

capítulo 5

Minicurso

A primeira aplicação do metaprojeto na versão minicurso coincidiu com o meu retorno da Itália em 2004, quando fui convidado a ministrar um módulo de curta duração, de apenas oito horas, no 6º Congresso Brasileiro de Pesquisa e Desenvolvimento em Design, P&D 2004, que ocorreu em São Paulo, na Fundação Armando Álvares Penteado – Faap.

Oportunamente, registro qual foi minha surpresa em saber que o minicurso por mim ofertado, com um tema ainda bastante desconhecido em âmbito internacional, se encontrava, em pouco tempo, entre os mais procurados pela comunidade de referência em design presente no evento. É interessante perceber que entre os inscritos que se propuseram a seguir esse minicurso se encontravam professores, alunos e pesquisadores, do Brasil e do exterior, que vieram para o referido congresso brasileiro de design.

Pelo fato de o minicurso ter sido estruturado em um formato de curtíssima duração, já antevia que o metaprojeto, aplicado em um tempo correspondente a oito horas, seria apenas o suficiente para alcançar alguns objetivos como:

A. Despertar o interesse sobre o tema na comunidade de referência no Brasil;

B. Transmitir a sua importância como uma metodologia para a complexidade no âmbito projetual do design;

C. Experimentar a capacidade do metaprojeto em dialogar com projetos de baixa complexidade;

D. Testar o metaprojeto como resposta às diversas condições mercadológicas e socioambientais, em cenários fluidos e dinâmicos do mundo globalizado.

Dessa forma, iniciamos as nossas atividades com um grupo de 20 participantes que tiveram nas quatro primeiras horas do curso, na parte da manhã, informações históricas e teóricas sobre o modelo metaprojetual, explicações sobre seus objetivos, abrangências e conteúdos, bem como exemplos elucidativos sobre as aplicações do metaporojeto em diversos âmbitos do conhecimento como no design, na arquitetura e na engenharia.

Nas quatro horas restantes do minicurso, na parte da tarde, os participantes foram divididos em quatro grupos e incentivados a aplicar o metaprojeto em produtos de baixa complexidade com temas anteriormente definidos como: caneta bic; abridor de garrafa, isqueiro a gás; sandálias havaianas e porta-CDs. Todos eram produtos já existentes no mercado, e que sobre os quais poderíamos obter informações por meio de pesquisas pela Internet ou na própria biblioteca da Faap.

No final do dia, após pesquisas e estudos já efetuados, por meio da aplicação do metaprojeto nos referidos produtos, os grupos se reuniram para a apresentação a todos os participantes inscritos no nosso minicurso, o que, por fim, serviu para comprovar a abrangência da aplicação do metaprojeto e sua real capacidade de rever conceitos, reconsiderar paradigmas, redefinir formatos e de potencializar novos caminhos possíveis para o design. Em outras palavras, nesse caso específico de aplicação do metaprojeto, demonstrar a sua capacidade de servir de linha guia para o redesenho de um produto de forma holística e coordenada.

A seguir, passamos a apresentar o resultado de um dos cinco grupos de estudos instituídos para a aplicação do metaprojeto durante o minicurso na Faap/SP. Esse grupo, composto por quatro professores do Brasil e um do exterior, se ocupou de aplicar os conceitos metaprojetuais para analisar o abridor de garrafas "diabolix" da empresa Alessi SPA, cujo design é do italiano Stefano Giovannoni.

Como pode ser observado, conforme os resultados apresentados a seguir, apesar das poucas horas dedicadas à aplicação do metaprojeto, nota-se a presença de uma coerente análise crítica e reflexiva por parte da equipe de trabalho, bem como uma consistente interpretação dos conteúdos e valores presentes no design contemporâneo e sua estreita relação com a emotividade, estima, desejo e afeto. Base determinante para configuração do denominado objeto de culto.

Agradeço, portanto, à equipe de trabalho que se dedicou na decomposição e interpretação do produto "abridor de garrafas diabolix" da Alessi pelos resultados alcançados aqui expostos.

EXERCÍCIO DE ANÁLISE DE PRODUTO EXISTENTE

Diabolix – Abridor de garrafas Alessi

ALUNOS
Cristiano Alves . Itiro Iida . Lia Krucken . Rosângela Gouvêa . Rui Roda

O QUE É O PRODUTO?

Um abridor de garrafas;

Um objeto de decoração;

Um símbolo;

Um objeto de culto.

FABRICANTE	Alessi Spa – Itália
DESIGNER	S. Giovannoni
MATERIAL	Inox e PA
PESO	400g
DIMENSÃO	180 x 55mm
VALOR	€12

TECNOLOGIA PRODUTIVA E DOS MATERIAIS

Um molde (termoplástico) em um estampo (metal);

Processo de injeção relativamente simples;

PA: poliamida em seis cores, resistente ao calor, de difícil reciclagem;

Dois materiais de difícil separação.

TIPOLOGIA FORMAL E FATORES DE USO (ERGONÔMICOS)

- Excesso de peso;
- Perigoso para crianças;
- Dificuldade na pega;
- Fora do centro de gravidade;
- Forma propicia acúmulo de sujeiras (olhos, dentes, orelhas);
- Falta identificação de uso;

- Textura agradável;
- Robustez;
- Para ambidestros;
- Segurança contra cortes.

FATORES MERCADOLÓGICOS

Qual a identidade da empresa Alessi?

EMPRESA	SIM	NÃO
Conservadora		X
Inovadora	X	
Vanguarda	X	
Agressiva	X	
Passiva		X
Faz tendências	X	
Segue tendências		X
Outros	peça de autores	

MISSÃO

A presença do designer como elemento estratégico;

Visão não viciada do processo;

Motor de divulgação;

Cultural do design;

Colaboração de grandes protagonistas do design e de artistas plásticos;

Valorização e memória da sua origem: metal, formas características, cores vivas.

QUAL O POSICIONAMENTO ESTRATÉGICO DA ALESSI?

FAIXA DE MERCADO	ALESSI SPA
A	X
B	X
C	
D	
E	
A . B . C . D . E	

OBSERVAÇÃO:
exige conhecimento prévio sobre
a marca, o designer etc.

SUSTENTABILIDADE AMBIENTAL

REQUISITOS AMBIENTAIS	SIM	NÃO
Utilização de poucas matérias-primas no mesmo produto		X (dois materiais)
Uso de materiais termoplásticos compatíveis entre si	X	
Utilização de poucos componentes no mesmo produto	X	
Fácil desmenbramento dos componentes		X
Extensão da vida	X	
Não utilização de insertos metálicos	X	
Não utilização de adesivos informativos		X

SISTEMA PRODUTO/DESIGN

PRODUTO	Coleção = objeto de culto Embalagem contribui para identidade coorporativa e possibilita ver e tocar o produto
PREÇO	Considerado acessível ("... para iniciar a coleção")
PONTO DE VENDA	Coerente - identidade coorporativa
PROMOÇÃO	Divulgação mundial biunívoca que reforça no uso (fica em exposição)
PESSOAS	Peças de autores, produtos assinados

INFLUÊNCIAS SOCIOCULTURAIS

FATORES SOCIOCULTURAIS	O ESTILO	A ESTÉTICA	A FORMA
Novas tecnologias e materiais	não se aplica	não se aplica	não se aplica
Novas descobertas científicas	não se aplica	não se aplica	não se aplica
Novo movimento artístico	X	X	X
Novos comportamentos e costumes	X	X	X
Nova tendência da moda	X	X	X
Barware - uso social, lúdico da cozinha	X	X	X
Catástrofes e guerras	não se aplica	não se aplica	não se aplica

CONCLUSÃO

Considerações finais - síntese do estudo

Aspecto simbólico supera a função;

Objeto de culto;

Necessidade de referência (Alessi, o designer S. Giovannoni, Made in Italy);

Produto lúdico, provocador - a 'não forma' que está exposta na cozinha;

Um produto complexo para a função, mas 'simples' como objeto;

Por que comprar o-culto?

Programa lato sensu – nível especialização

Tivemos a oportunidade de aplicar o metaprojeto em diversos cursos de pós-graduação *lato sensu* pelo Brasil, como em cursos de especialização em gestão do design, sustentabilidade ambiental, design de joias, design de móveis, design estratégico, arquitetura comercial, dentre vários outros. Nesse formato, destinado à pós-graduação, o módulo metaprojeto normalmente é aplicado com uma duração que varia entre 12 e 16 horas. Por apresentar, em sua estrutura, uma abordagem cíclica e abrangente, o metaprojeto pode ser ofertado em diferentes cursos e em diversos âmbitos do conhecimento, bem como aplicado como exercício teórico-projetual em produtos e serviços distintos.

No caso dos cursos de pós-graduação *lato sensu,* ao contrário do modelo aplicado em formato minicurso, podemos aprofundar nos conteúdos apresentados, de maneira consistente e científica, a importância do metaprojeto como modelo de análise destinado a anteceder a ação projetual na confecção dos artefatos e dos bens de serviço. Assim, o metaprojeto se configura como uma metodologia que define, de forma coordenada, as diretrizes e linhas guias que determinarão a concepção do produto industrial, da estratégia de comunicação e dos serviços propostos.

Diferentemente do módulo aplicado em minicursos, na pós-graduação *lato sensu* se faz necessário entender o produto (em análise ou aquele que ainda será desenvolvido) de maneira mais complexa, aumentando, de forma estratégica, as condicionantes de análise e os itens a serem avaliados. Esse aumento de complexidade na aplicação do metaprojeto se faz necessário para distinguir sua aplicação em níveis distintos de cursos, que variam da graduação ao *stricto sensu,* em nível de doutorado. No caso ora apresentado, como exemplo de aplicação do metaprojeto, em curso de especialização *lato sensu,* o resultado aqui escolhido foi fruto de um módulo realizado no curso de especialização em Gestão do Design para Micro e Pequenas Empresas da Escola de Design da Universidade do Estado de Minas Gerais – UEMG. Nesse caso, o módulo teve a duração de 16 horas e contou com a participação de 40 alunos oriundos de diferentes áreas do conhecimento, a saber: design, engenharia, arquitetura, administração, comunicação, publicidade, marketing etc.

Também nessa experiência, a diversidade de formação dos alunos serviu de teste para a avaliação do metaprojeto e a real capacidade de absorção das informações por parte de diferentes atores diante das abrangências formativas e culturais apresentadas. Após a fase introdutória de conhecimento e nivelamento propedêutico destinado aos participantes, ocorrido nas primeiras oito horas do curso, os grupos foram divididos em sete grupos que avaliaram o modelo metaprojetual em uma série de produtos previamente fornecidos ou de produtos de interesse de avaliação por parte dos próprios estudantes, dentre eles podemos destacar: garrafa plástica de água mineral para prática de esportes, embalagens de shampoo e de condicionador, garrafa de vodka, aparelho de barbear descartável, ferramentas de jardinagens etc., demonstrando o abrangente universo de aplicação do metaprojeto em diversos segmentos da produção industrial.

Escolhemos como exemplo elucidativo, para demonstrar a aplicação do metaprojeto em cursos de pós-graduação nível *lato sensu*, o projeto desenvolvido pelos alunos da Escola de Design da UEMG, com a avaliação metaprojetual da embalagem do produto *Vodka*. Somos, portanto, gratos a essa equipe pela decifração mercadológica e pelos estudos das influências socioculturais do produto, pela análise dos fatores tipológicos formais e ergonômicos, bem como pela avaliação dos fatores ambientais e tecnológicos intrínsecos a esse produto.

EXERCÍCIO DE ANÁLISE DE PRODUTO EXISTENTE

Absolut

ALUNOS
Alencar Ferreira . Erica Dutra . Flavia Rocha
Marcela Rodrigues . Mariana Misk . Paulo Andrade

FATORES MERCADOLÓGICOS . CENÁRIO

Empresa: "Uma marca que se tornou cult no mundo inteiro"

Origem: Suécia, pouca tradição em vodca

Segunda marca de vodca mais consumida do mundo;

Presente em mais de 125 mercados;

Somente nos Estados Unidos são consumidos anualmente cerca de 67.3 milhões de litros;

Cerca de 450 mil garrafas são produzidas diariamente, toda a produção Absolut é feita somente na destilaria em Ähus, localizada ao sul da Suécia.

Sua história começou em 1879 quando Lars Olssom Smith, conhecido como "The King of Vodka" (O Rei da Vodca), que controlava um terço da produção da bebida na Suécia, introduziu no mercado um novo tipo de vodca chamada "Absolut Rent Branvin" (Absolut Pure Vodka), produzida utilizando um revolucionário método de destilação chamado retificação. A vodca era vendida somente em uma loja aberta perto da destilaria de Lars Smith, na ilha de Reimershome. A Absolut Vodka foi exportada pela primeira vez somente em 1979 para os Estados Unidos, lançada primeiramente na cidade de Boston e, depois, em New York, Chicago, Los Angeles e São Francisco. Até então, o mercado americano era dominado pela vodca russa Stolichnaya, que detinha 80% de market share. Porém, era exatamente aí que os suecos queriam fincar o pé. Foram ousados, desembarcaram em solo americano com aquela garrafa esquisita, de pescoço curto vinda de um país sem a menor tradição em vodca. No primeiro ano, a Absolut Vodka vendeu quase 90 mil litros no mercado americano. Em 1984, a marca já estava presente em 18 países ao redor do mundo, alcançando a liderança do mercado de vodca nos Estados Unidos em 1985.

EMPRESA	SIM	NÃO
Conservadora		X
Inovadora	X	
Vanguarda	X	
Agressiva	X	
Passiva		X
Faz tendências	X	
Segue tendências		X

POSICIONAMENTO ESTRATÉGICO

Classe A/B

INFLUÊNCIAS SOCIOCULTURAIS

FATORES SOCIOCULTURAIS	ESTILO CONCEITO	ESTÉTICA TENDÊNCIA	FORMA DESENHO
Novas tecnologias e materiais	sim	não	não
Novas descobertas científicas	sim	não	não
Novo movimento artístico	não	não	não
Novos comportamentos e costumes	sim	sim	sim
Nova tendência da moda	não	não	não
Novos ritmos musicais	não	não	não
Catástrofes e guerras	não	não	não

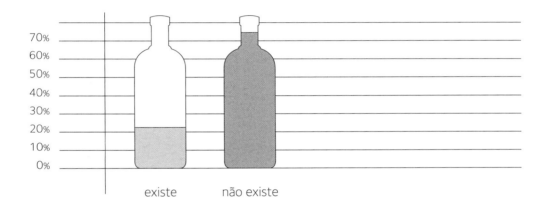

SISTEMA PRODUTO/DESIGN

CARACTERÍSTICAS	UNIDADE FORMAL	HARMONIA VISUAL	COERÊNCIA ENTRE AS PARTES	MENSAGEM PERCEBIDA
Estrutura física embalagem	sim	sim	sim	sim
Catálogos Anúncios Home page	sim	sim	sim	sim
Loja Showroom Feiras	parcial	não	parcial	sim

SISTEMA PRODUTO/DESIGN . COERÊNCIA

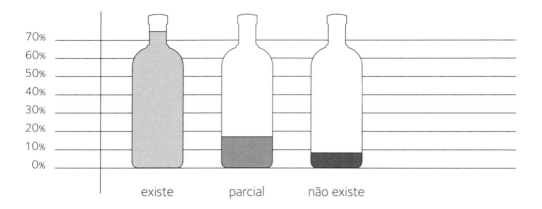

TIPOLOGIA FORMAL E ERGONÔMICA

GARRAFA

Baseada em uma garrafa medicinal vista por Gunnar Broman na cidade de Estocolmo;

Possui o gargalo extremamente curto e o corpo bojudo;

Corpo robusto e forma simplificada;

Apresenta lacre plástico com picote de fácil remoção;

Tampa de alumínio com rosca plástica de fácil abertura e excelente vedação;

Pequena fragilidade ao choque.

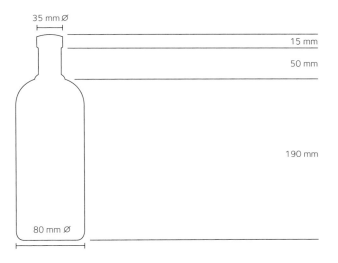

TECNOLOGIA PRODUTIVA E MATERIAIS EMPREGADOS

GARRAFA . materiais

VIDRO . corpo da garrafa
O vidro comum obtém-se por fusão em torno de 1.250 °C de dióxido de silício (SiO_2), carbonato de sódio (Na_2CO_3) e carbonato de cálcio (Ca_2CO_3)

POLÍMEROS E ALUMÍNIO . tampa da garrafa

Polímeros: não identificados

Alumínio: metal leve, macio, porém resistente, de aspecto cinza prateado e fosco, devido à fina camada de oxidação que se forma rapidamente quando exposto ao ar

SUSTENTABILIDADE AMBIENTAL

REQUISITOS . linhas guias	SIM	NÃO	JUSTIFICATIVAS
Utilização de poucas matérias-primas no mesmo produto		X	por causa da tampa
Escolha de recursos naturais e de baixo impacto ambiental		X	por causa da tampa
Utilização de poucos componentes no mesmo produto		X	por causa da tampa
Facilidade no desmembramento e na substituição dos componentes		X	por causa da tampa
Extensão da vida do produto	X		objeto de culto
Não utilização de adesivos informativos que não sejam compatíveis	X		os adesivos utilizados não interferem no processo de reciclagem

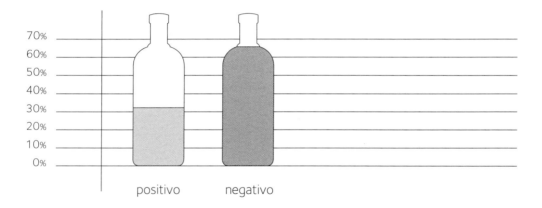

Para adequação ao item sustentabilidade ambiental sugere-se mudança para tampa monomaterial.

CONCLUSÃO

O sucesso do produto se deve a três principais aspectos:

Produto . Embalagem . Comunicação
Vodca   Garrafa   Design + Divulgação

Programa *stricto sensu* – nível mestrado

Desde o ano 2004, ministro o módulo Metaprojeto como disciplina que compõe a estrutura curricular do Mestrado e Doutorado do programa de pós-graduação da Rede Temática de Engenharia de Materiais – Redemat. Essa rede é constituída por um consórcio em nível *stricto sensu* entre essas instituições: Universidade Federal de Ouro Preto – Ufop –, a Fundação Centro Tecnológico de Minas Gerais – Cetec – e a Universidade do Estado de Minas Gerais – UEMG.

De igual forma, também como nos minicursos, fui surpreendido pelo grande interesse que o metaprojeto despertava nos diversos estudantes inscritos no programa de pós-graduação da Redemat. Não foram poucas as vezes em que as vagas, procuradas por mestrandos oficialmente inscritos e por interessados em seguir o módulo como disciplina isolada, se exauriam em poucos dias após a abertura das matrículas, deixando a sala de aula sempre repleta de olhares atentos e curiosos. No caso da aplicação do metaprojeto em programas de mestrado, é necessária uma duração maior do módulo, o correspondente a não menos que 30 horas, normalmente com uma duração de 40 horas, como é o caso na Redemat.

Em programas em nível *stricto sensu,* há mais espaço para aprofundamentos no âmbito da pesquisa científica e, nesse caso, o nível de exigência é, naturalmente, maior, pela busca de uma melhor preparação dos candidatos para a prática do processo de investigação. Os participantes do módulo metaprojeto em programas de mestrado são incentivados a praticar uma abordagem mais complexa e completa dos conteúdos teóricos e práticos e, ao final do curso, apresentam uma rica e consistente pesquisa que aborda a aplicação do modelo metaprojetual em diversos produtos e serviços, legitimando a abrangente penetração da disciplina como modelo transversal, de caráter metodológico, analítico e reflexivo.

Dentre as experiências metaprojetuais inseridas nos programas de mestrado, podemos destacar a sua aplicação em produtos como: embalagem de CD, embalagem de alimentos, joias confeccionadas com gemas de baixo valor intrínseco, tênis esportivo, garrafa térmica, copo plástico descartável, mobiliários destinados ao mercado de baixa renda, dentre várias outras aplicações já realizadas.

É interessante perceber que, devido ao maior tempo disponível para a aplicação do metaprojeto em programas de mestrado, nota-se um real questionamento por parte dos estudantes, advindo dos resultados obtidos durante a fase de pesquisa metaprojetual. Essa fase constitui uma oportunidade na qual os estudantes questionam a falta de resolução de problemas aparentemente básicos que apresentavam os produtos em análise, bem como indignação pela ausência de abordagens referentes aos requisitos ambientais, hoje tão debatidos e pouco promovidos.

Este é, de fato, o metaprojeto: um espaço de reflexão e análise crítica que antecede a concepção de novos produtos e, de igual forma – como por nós abordados nos programas acadêmicos –, um potente instrumento de análise corretiva (diagnose) dos produtos industriais passíveis de averiguações. A seguir, apresento uma interessante análise de um tênis famoso, de consagrada marca mundial, que muito nos surpreendeu pelas observações levantadas pelos estudantes após a aplicação do metaprojeto como instrumento de análise e de correção. Também nesse caso, somos gratos à Redemat e aos três mestrandos que se dispuseram a aceitar o desafio de decompor um artefato industrial na ótica crítica e reflexiva metaprojetual.

EXERCÍCIO DE ANÁLISE DE PRODUTO EXISTENTE

Nike Shox Cog

ALUNOS
Gildézio Hubner . Maíra Paiva Pereira . Mônica Mesquita Lamounier

INTRODUÇÃO

Este trabalho traz a aplicação de metaprojeto corretivo no produto Nike Shox Cog, um calçado esportivo, destinado à prática das mais diversas modalidades. Trata-se de uma análise hipotética, baseada no método dedutivo, a partir da observação e da construção da problemática do produto. Segundo os conceitos desta disciplina, o objetivo da análise é pensar o projeto, considerando os fatores: produtivos tecnológicos, mercadológicos, materiais, ambientais, socioculturais e estético-formais.

A abordagem desses fatores se baseia em pesquisas e análises críticas realizadas sobre um tênis que é símbolo de avanço em tecnologia esportiva e, portanto, colabora para a manutenção do posicionamento da Nike como empresa líder no mercado de artigos esportivos, sendo detentora de 40% do mercado e movimentando US$ 35 bilhões, segundo Holmes e Bernstein em artigo para a *Businnes Week* de Whashington.

A análise aqui apresentada traz reflexões que exploram as potencialidades do design desse produto, identificando possíveis pontos a serem corrigidos. Entretanto, essas reflexões não produzem *outputs* na forma de um modelo projetual único e de soluções técnicas preestabelecidas, mas, ao contrário, se revelam como uma nova abordagem, uma visão crítica que ultrapassa o próprio projeto.

OBJETIVOS

O objetivo deste trabalho é analisar o produto Nike Shox Cog pelos requisitos do metaprojeto e compreender, de uma maneira geral, seu desempenho e sua coerência em relação ao design e suas múltiplas facetas.

Ao analisar o produto sob essa ótica, pretende-se descobrir possíveis pontos de interação, em que a atuação do designer pode convergir num projeto o mais bem solucionado possível.

Essa análise constitui uma ferramenta projetual contemporânea, compatível e adequada às novas necessidades impostas pela globalização, que provocou a quebra de barreiras mundiais e a mudança generalizada dos paradigmas da indústria, dos produtos, do consumo etc.

As reflexões que se seguem tratam das abordagens relacionadas a:

Fatores mercadológicos;

Design e sustentabilidade ambiental;

Sistema design;

Influências socioculturais;

Tecnologia produtiva e materiais empregados;

Tipologias formais e ergonômicas.

Tais quesitos, embora no documento estejam dispostos em ordem, não necessitam de rigidez, nem tampouco são cronológicos. Eles podem, ainda, ser acrescidos de novas facetas que por ventura venham a figurar como pontos fundamentais no processo de concepção de produtos e, ainda, variam de acordo com a complexidade do que é analisado.

No caso do Nike Shox Cog, um produto de nível intermediário de complexidade, encontram-se algumas dificuldades para o levantamento das informações necessárias, uma vez que a tecnologia empregada no produto é um segredo industrial patenteado e, por isso mesmo, não está destrinchada explicitamente em nenhuma das fontes pesquisadas. Dessa maneira, este trabalho exigiu esforço de pesquisa, comparação de dados e até mesmo de dedução dos processos, dos materiais empregados e das tecnologias produtivas.

O PRODUTO ANALISADO

O Nike Shox Cog iD é um modelo masculino que, segundo a descrição traduzida, do site da empresa, para esse produto é a seguinte:

> *"Calçado de treinamento com uma forma ajustável, que protege contra impactos, para várias modalidades de esportes. O regime do treinamento do atleta moderno não se baseia em um só tipo de movimento. O Nike Shox Cog é projetado para uma variedade de exercícios e foi especificamente criado para um programa de multiatividades do atleta contemporâneo."[1]*

Como características específicas, possui:

Língua flexível ao estiramento:
construída com a luva interna para o ajuste confortável ao pé do usuário.

Phylon / Midsole em PU:
para amortecimento e durabilidade.

O calçado é ideal para diversos tipos de treinos e seu cabedal é feito em material sintético cuidadosamente estudado para manter boa respirabilidade.

A entressola possui tecnologia Nike Shox para amortecimento de resposta rápida, e suas colunas internas são mais rígidas para proporcionar maior estabilidade ao corredor.

A bolsa de ar encapsulada na planta do pé serve como proteção. O Phylon em dupla densidade proporciona maior estabilidade e o solado é confeccionado em borracha de carbono BRS 1000, para maior durabilidade, e duralon, para mais maciez.

Com a tecnologia Nike Shox, o tênis chega a pesar pouco mais de 300 gramas (cada pé). O cabedal, sem costura interna para maior conforto dos movimentos, é de malha com tramas abertas e elásticas, que proporcionam maior ventilação e flexibilidade.

---

[1] Fonte: Dados disponíveis em: http://www.nike.com/nikeplus. Acesso em: 02 dez. 2006.

As diferentes configurações de cada uma das seis colunas desse produto proporcionam estabilidade, velocidade e amortecimento. O calçado também tem a tecnologia Zoom Air na planta do pé, que propicia amortecimento adicional de resposta rápida.

FATORES MERCADOLÓGICOS

CENÁRIO

As empresas da era global têm o grande desafio de, além de aumentar a gama de seus produtos, ao mesmo tempo, diferenciá-los para atender às necessidades e desejos dos mais variados perfis de usuários e consumidores.

> *Para atender a essa crescente segmentação do mercado e fazer frente ao acirramento do processo competitivo, as empresas têm de deslocar sua atenção para diferentes focos. Para produzir globalmente grandes quantidades em lotes diferenciados de produtos, as estratégias incluem o atendimento aos usuários, a gestão participativa e o desenvolvimento integrado de produtos. Para tal, elas necessitam desenvolver processos e procedimentos em sintonia com as diretrizes e tendências universais, sem perder a sua identidade. A unidade e coerência, percebida tanto nas suas ações como na singularidade dos seus produtos, combinados com as variações e a dinâmica do mercado usuário. (teixeira; OLIVEIRA, 2005)*

A Nike tem trabalhado diversos pontos de sua gestão para manter seu posicionamento. Desde seu time to *market*[2], cada vez menor – o tempo necessário para chegada de novos tipos de calçados no mercado caiu de nove para seis meses (HOLMES; BERNSTEIN, 2004) –, passando por suas estratégias gerenciais e operacionais – que passaram a se pautar por menos intuição[3] e mais profissionalismo –, e culminando em seu portfólio, que passou a contemplar moda e acessórios de maneira mais atuante, somando-se ao seu mix que chegou a cerca de 120 mil produtos lançados a cada ano.

Dessa maneira, a empresa deverá se "tornar uma companhia de US$ 20 bilhões até o fim da década" (HOLMES; BERNSTEIN, 2004).

Contexto Global

A globalização se apresenta como um dos principais fatores mercadológicos da Nike. Graças ao processo de abertura das fronteiras e criação de blocos econômicos a empresa visualizou a oportunidade de se expandir dentro do segmento.

---

[2] Tempo que o produto leva entre ser concebido e chegar ao mercado.
[3] No início de sua carreira empreendedora, Phill Knight, fundador da Nike, utilizou sua intuição e o conhecimento do esporte que praticava. Somente mais tarde, depois de concluir seu MBA e ver sua empresa crescer, é que precisou organizar seus departamentos, financeiro e operacionais, com gerências dedicadas.

Outro fator relevante é que a produção não precisa ser necessariamente executada em uma só base. Com o aperfeiçoamento do processo logístico mundial, esse paradigma foi quebrado, pois as empresas podem produzir seus produtos em diversos locais diferentes e enviá-los para quaisquer lugares, muitas vezes, reduzindo o custo de fabricação e aumentando suas margens de lucro.

A Nike foi pioneira na prática de terceirização, ou *outsourcing*, no segmento em que atua. Dessa forma, a empresa não imobiliza patrimônio e mantém o controle da marca, do capital social e intelectual e da tecnologia de produção, sendo a combinação desses ativos o grande diferencial mercadológico da organização. Finalmente, a empresa canaliza suas energias para conceber e lançar produtos inovadores com estratégias de mercado agressivas.

No cenário global atual, é indiscutível a eficácia dessa estratégia, mas quando Phil Knight, o esportista que fundou a marca se imaginou capaz de criar uma empresa sem fabricar absolutamente nada, muitos analistas consideraram essa estratégia ousada e arriscada.

O Contexto Brasil

A Nike do Brasil iniciou suas atividades em junho de 1999, comercializando sua ampla linha de produtos para várias categorias esportivas em todo mercado brasileiro.

Nas últimas quatro décadas, o Brasil tem representado um relevante papel na história do calçado. Nosso país se destaca entre os fabricantes de manufaturados de couro, detendo o terceiro lugar no ranking dos maiores produtores mundiais.

As empresas de grande porte estão localizadas no Estado do Rio Grande do Sul, contudo, a produção brasileira de calçados vem gradativamente sendo distribuída em outros polos localizados nas regiões Sudeste e Nordeste do país, com destaque para o interior do Estado de São Paulo (cidades de Jaú, Franca e Birigui) e outros estados, como Ceará e Bahia. Há também crescimento na produção de calçados no Estado de Santa Catarina (região de São João Batista), vizinho do Rio Grande do Sul e em Minas Gerais (região de Nova Serrana), sempre pautada pela organização produtiva em APL's – Arranjos Produtivos Locais.

O parque calçadista brasileiro hoje conta com mais de 8,4 mil indústrias, responsáveis pela produção de, aproximadamente, 725 milhões de pares/ano, sendo que 189 milhões são destinados à exportação. O setor é um dos que mais gera emprego no país. Em 2004, cerca de 313 mil trabalhadores atuavam diretamente na indústria.

A grande variedade de fornecedores de matéria-prima, máquinas e componentes, aliada à tecnologia de produtos e inovações, faz do setor calçadista brasileiro um dos mais importantes do mundo. São mais de 1.500 indústrias de componentes instaladas no Brasil, mais de 400 empresas especializadas no curtimento e acabamento do couro –

processando anualmente mais de 30 milhões de peles – e cerca de uma centena de fábricas de máquinas e equipamentos, com exportação para mais de 100 países.

Por meio de modernos conceitos de administração de produção e gestão de fabricação, como *just in time* e demais processos internacionais de qualidade, a indústria brasileira figura como altamente especializada em todos os tipos de calçados: femininos, masculinos e infantis, além de calçados especiais, como ortopédicos e de segurança do trabalhador.

A estrutura exportadora do setor calçadista brasileiro é uma das mais modernas do mundo. Anualmente, são exportados cerca de 190 milhões de pares, cuja comercialização envolve a presença de empresários brasileiros nas mais importantes feiras internacionais, como a GDS, na Alemanha, MICAM, na Itália, e Show de Las Vegas, nos Estados Unidos. A América Latina tem sido alvo de várias iniciativas, como a promoção de *showrooms* nos principais consumidores, como Argentina, Venezuela, Chile e Colômbia.

Os Estados Unidos são os principais compradores do calçado brasileiro, detendo 50% do total exportado.

Projetos para que mais empresas passem a fazer parte da balança comercial e ampliem seus percentuais de vendas em outros países, principalmente da América Latina e Oriente Médio, vêm sendo desenvolvidos pelo setor calçadista, contemplando inclusive micro e pequenas empresas, por meio de incentivos fiscais e apoio generalizado ao design como ferramenta de agregação de valor.

> *Dessa maneira, o país torna-se um cenário propício para a Nike, que mantém uma fábrica em São Paulo para produção de alguns de seus modelos. Entretanto, a criação, pesquisa e desenvolvimento de novos produtos ainda são um setor incipiente no Brasil. O departamento de design se concentra mesmo em Oregon, EUA, num "despojado prédio de quatro andares que abriga a Innovation Kitchen (em uma tradução literal, a cozinha da inovação)." (HOLMES; BERNSTEIN, 2004)*

Ainda assim, pode-se considerar o Brasil como uma excelente vitrine e fonte de inspiração para a marca, como verificável na Seção 6 "Influências Socioculturais". O Brasil é um dos poucos países a ter um estilista convidado para desenvolver uma linha de produtos para a marca. Isso se deve, em grande parte, à busca por agilidade em obter informações sobre as tendências mundiais de moda, somada à busca por facilidade na obtenção de matérias-primas para desenvolver a modelagem adequada ao mercado comprador e posterior fabricação em série. Os calçadistas brasileiros têm amplas condições de atender à demanda dos mais diversos perfis, não somente para a produção de ideias desenvolvidas no exterior – calçados fabricados para importantes grifes e lojas norte-americanas e europeias, que já se habituaram a ver *Made in Brazil* impresso nos seus calçados –, mas também desenvolvimento de linhas com a cara e o estilo brasileiros, o que, para a Nike, é uma excelente estratégia.

Ao associar sua imagem aos atletas brasileiros de grande destaque no cenário global, a empresa apropriou-se de signos da brasilidade que a tornam mais próxima de seus consumidores, como a ginga[4], a habilidade no esporte, o estilo de vida saudável e o culto ao corpo.

Acredita-se que o excelente desempenho do Brasil nos esportes contribuiu para melhorar sua imagem no mundo e tornar esse caldeirão multicultural uma excelente fonte de inspiração para designers dos mais diversos segmentos, do esporte à joalheria, passando pela moda e pelo setor automotivo.

CENÁRIO ESTÁTICO

Como cenário estático, considera-se o contexto no qual a Nike surgiu. Não se concentra somente na marca, mas também no universo do esporte e em como se iniciou a busca contínua pelo melhor desempenho dos calçados esportivos e das suas respectivas marcas.

O surgimento do calçado esportivo

No início de 1900, a Spalding, uma empresa norte-americana, produziu o primeiro calçado designado especificamente para a prática esportiva. Até então, os atletas se exercitavam descalços ou usando sapatos ou sandálias de couro, o que é hoje considerado muito inadequado e distante do ideal.

Esse modelo da Spalding era, então, constituído por uma sola e uma estrutura superiores, ambas em couro macio, com atacadores, e passou a ser usado principalmente em competições.

Alguns esportes exigiam "bicos" ou "pitons" de metal, no entanto, o calçado, para qualquer que fosse a atividade esportiva, apenas era constituído por uma estrutura superior simples, amarrada por cadarços e uma sola.

Até a década de 1960, o calçado esportivo mais popular era o Converse ou o Keds, hoje imortalizados ícones do design. Mas esses modelos apenas possuíam uma sola rasa e uma estrutura superior em lona, o que limitava a escolha do atleta entre uma bota para basquetebol, que protegia os tornozelos, ou um calçado para tênis, que requeria maior agilidade e movimentação das articulações.

Começa, então, a aumentar a preocupação com a adequação do design de calçados às respectivas finalidades. A prática de esportes passa a influenciar o desenvolvimento de novas tecnologias, como materiais mais modernos, agora pesquisados para esse tipo de aplicação, como, por exemplo, a lona e a borracha.

---

[4] Ver a Seção 6, "Influências Socioculturais".

Quanto mais pessoas começavam a correr, mais aumentava a procura de calçado protetor e confortável. Ao mesmo tempo, outros esportes passaram a ser mais populares. Houve a necessidade do desenvolvimento de calçados cada vez mais específicos. Essas mudanças forçaram o aparecimento de novos materiais e tecnologias. O desenvolvimento tecnológico mais avançado foi o aparecimento da sola intermédia. A indústria do calçado esportivo se tornou uma indústria de materiais.

Soluções simples como a introdução de ilhoses para ventilação e utilização de materiais naturais permitiram maior conforto ao usuário da época. No basquetebol, calçados de sola em borracha látex com estrutura superior em lona (como os converse All Star) evoluíram para calçados em couro ou materiais sintéticos, com solas intermédias em poliuretano ou E.V.A. de compressão, moldado com tecnologias de amortecimento. Para o último tipo de calçado, destacam-se o Nike Air, o Asics Gel e o Reebok Dmx, com solas específicas para *indoor* ou *outdoor* e estruturas de apoio como faixas de velcro, além de reforços em carbono, muito diferentes do que era chamado calçado de basquetebol nos anos 1970.

O calçado para correr também evoluiu de uma forma sistemática. No início dos anos 1970, possuíamos um tipo de forma e formato, o Semicurvo, com uma construção colada com cartão em pouco ou nenhum material na sola intermédia. Hoje em dia, podemos escolher entre três tipos de formatos: "Direito", "Semicurvo" ou "Curvo", com vários tipos de construções, de densidades de sola intermédia, vários tipos de sola, de acordo com o terreno, e mesmo características de apoio para compensar o ciclo mecânico do utilizador.

A melhoria de usabilidade do produto torna os calçados esportivos cada vez mais populares, sendo, inclusive, adotados pela Marinha norte-americana.

Na década de 1970, o calçado esportivo começou a modificar-se com a vitória do americano Frank Shorter na maratona de Munique, nos jogos olímpicos de 1972. A rápida evolução desse tipo de produto provocou um enorme crescimento do mercado. Foi nesse período que surgiram as grandes marcas que, inclusive, permanecem na disputa acirrada desse mesmo mercado até hoje.

Até os calçados de pitons evoluíram. Hoje, temos calçados com pitons moldados, removíveis para pisos macios ou duros, de acordo com as necessidades dos praticantes (sejam de futebol, basebol ou futebol americano, *rugby* ou outros).

A durabilidade das solas foi melhorada na década de 1980 e a estrutura superior é cada vez mais constituída por materiais mais leves e com mais apoio. A sola intermédia foi o componente mais inovador. Na época em que foram criadas, a solas intermédias eram fabricadas em espuma que se comprimia e tendia a perder a eficácia com o uso.

Atualmente, com o desenvolvimento crescente da engenharia de materiais, produzindo novas tecnologias, foi possível criar o Nike Shox, que se baseia no conceito de redução máxima da dependência das espumas nas solas intermédias.

Figura 1 – Imagem ilustrativa dos principais componentes do calçado esportivo.

A indústria do calçado esportivo é uma indústria de materiais e, portanto grandes revoluções ainda poderão acontecer em seu cenário dinâmico.

CENÁRIO ESTÁTICO

Cronologia do calçado esportivo

DATA	ACONTECIMENTO
1866	É fabricado o primeiro calçado com sola de borracha.
1873	Aparece o termo *Sneaker* (equivalente ao "tênis" ou "sapatilha" em português).
1890	Joseph William Foster fabrica os primeiros calçados com "bicos" na sola (mais tarde a sua companhia torna-se a Reebok).
1892	É fundada a *Us Rubber Company*.
1897	O catálogo Sear's apresenta *sneaks* de lona branca a US$ 1.
1908	Marquis M. Converse funda a sua oficina.
1909	Aparecem os calçados de basquetebol em couro.
1910	A Spalding introduz os calçados com *suction cups*.
1917	Aparecem os Keds e os Converse All Star.

1920	O duque de Windsor lança a moda dos calçados para tênis brancos na sua visita aos Estados Unidos.
1925	É fundada a Dassler Sport Shoes que, mais tarde, daria origem à Puma e à Adidas.
1929	A Spalding apresenta o apoio para a arcada e a Keds, solas coloridas.
1934	A Keds apresenta calçados de lona coloridos.
1942	É desenvolvida a borracha sintética.
1948	Adi Dassler funda a Adidas e Rudolph Dassler, a Puma.
1949	Onitsuka Tiger fabrica os primeiros calçados esportivos no Japão.
1950	Aparecem os ilhoses laterais para respiração.
1961	A New Balance lança Trackster o primeiro calçado disponível em diferentes larguras.
1968	Começa o *boom* do calçado esportivo.
1971	Phil Knight e Paul Bowerman criam a Nike.
1972	A sola *waffle* revoluciona os calçados de corrida
1979	Paul Fireman compra os direitos da Reebok.
1981	A Reebok apresenta o primeiro calçado esportivo (aeróbico) para mulheres.
1989	A Reebok lança o Pump por US$ 175 o par.
1992	A Nike introduz a tecnologia Huarache (calçados com uma meia embutida em neoprene).
2000	A Nike introduz um conceito novo: O shox (calçados com colunas em forma de molas).
2000	Roger Adams apresenta um tipo de calçado revolucionário: os heelys, calçados com rodas no calcanhar.
2004	A Adidas produz o primeiro calçado com chip na sola intermédia que modifica automaticamente a firmeza da sola.

Tabela 1

Cenário Estático – Cronologia do calçado esportivo.

O surgimento da Nike

Knight, fundador da Nike, começou sua companhia vendendo tênis na traseira de sua camionete em encontros de atletismo, no final dos anos 1950. Ele era um corredor de meia distância da equipe de atletismo da Universidade do Oregon, treinado por Bill Bowerman, que veio a se tornar seu sócio, na Blue Ribbon Sports.

Bowerman, um dos mais importantes técnicos de atletismo dos USA, ficou conhecido também por desenhar e experimentar tênis de corrida numa tentativa de fazê-los mais leves e eficientes no que dizia respeito à absorção de impacto.

Knight se formou na Universidade de Oregon, e se transferiu para a Universidade de Stanford, onde fez seu mestrado. Em sua dissertação, estudou o marketing dos tênis de competição e, com base no que aprendeu, viajou ao Japão, onde entrou em contato com a Onitsuka Tiger Company, um fabricante de tênis esportivos para convencer os executivos dessa companhia sobre o potencial de seus produtos nos USA.

O sucesso da Blue Ribbon Sports foi tão grande que eles passaram de revendedores a fabricantes. Os sócios preparavam-se para abrir uma nova empresa e precisavam de um nome.

Jeff Johnson, um de seus funcionários, sonhara com a Nike, a deusa grega da vitória, que podia voar e correr em grandes velocidades, e sugeriu esse nome. Uma vez que a ideia dos empresários era fabricar tênis entre outros produtos voltados ao esporte, o termo foi prontamente aceito, assim, surgiu a marca Nike.

Seus negócios cresciam e foi necessário contratar mais pessoas, com cargos cada vez mais especializados, dentro da organização.

Com o aumento de tamanho e de complexidade, a informalidade operacional, marca registrada de Knight, não era mais eficiente como havia sido no passado. Sistemas de gerenciamentos formais tiveram de ser introduzidos.

Atualmente, a Nike é considerada um case de sucesso nas diversas áreas gerenciais e estratégicas.

> *A Nike também reorganizou seu sistema de redes de distribuição que sempre deixava os varejistas aguardando as entregas dos itens "quentes", ou lutando para se livrar daqueles que "não pegaram". O velho sistema unia 27 sistemas de computadores diferentes de todas as partes do mundo, sendo que a maioria deles não se comunicava entre si.*
>
> *A empresa gastou US$ 500 milhões na construção de um novo sistema. Quase concluído, ele já está contribuindo para uma maior rapidez nos tempos de projeto e fabricação e para margens brutas mais gordas – 42,9% no ano passado, ante 39,9% cinco anos atrás. (HOLMES; BERNSTEIN, 2004)*

CENÁRIO DINÂMICO

Microambiente

O microambiente trata de fatores sobre os quais a empresa tem poder de controle, tais como processos produtivos, fornecedores, lojistas, clientes e concorrência.

A Nike tem uma cadeia de distribuição mundial, com pleno controle do processo de produção e comercialização de seus produtos. Seus fornecedores são, de uma forma geral, de países com baixo desenvolvimento, o que propicia à Nike um custo baixo. Em função disso, muitas vezes, a Nike foi acusada de usar trabalho escravo em alguns países da África.

> *A Nike também tem lutado com o delicado problema das condições de trabalho insalubres das 900 pequenas fábricas independentes internacionais que fabricam suas roupas e calçados. Antes, os executivos negavam que isso acontecia e, então, corriam para o fornecedor acusado para apagar o fogo. Mas, desde 2002, a Nike vem construindo um elaborado programa para lidar com as acusações de exploração de mão de obra. Ela permite inspeções das fábricas pela Fair Labor Association, uma entidade de monitoração fundada por grupos nativistas dos direitos humanos e grandes empresas. A Nike tem uma equipe interna de 97 pessoas que inspecionou 600 fábricas nos últimos dois anos, conferindo a elas notas para as condições de trabalho.* (HOLMES; BERNSTEIN, 2004)

A principal estratégia da Nike, atualmente, é gerenciar a marca: seu modelo enxuto de gestão não permite sequer possuir um chão de fábrica próprio. Apenas a área de pesquisa e desenvolvimento de tecnologia e design de produtos é controlada pela empresa. Isso garante pioneirismo nos lançamentos, inovação e custos reduzidos. Uma excelente equação para a competitividade no mundo globalizado.

A partir do protótipo aprovado é feito o contrato de parceria com o fabricante adequado, de acordo com o tipo de produto e a tecnologia empregada. Essa é a teoria que parte do princípio de que a inteligência fica na empresa, enquanto o baixo valor agregado é terceirizado.

A Nike controla cerca de 800 fábricas que produzem seus produtos em mais de 50 países.

No Brasil, os terceirizados são a Drastosa, responsável pelo vestuário e os calçados ficam nas mãos da Dilly e Aniger.

Um fator ligado a esse sistema produtivo que merece cuidado, por partes dos detentores de tecnologia, é "que os fornecedores também estão sempre em busca de crescimento". Assim, fornecedores se sentem capazes de desenvolver produtos inovadores, com diversas tecnologias de ponta, que podem perfeitamente ser aceitos no mercado caso a inovação seja produzida em um país em desenvolvimento e com custos baixos. Segundo matéria divulgada no site da Abicalçados – Associação Brasileira das Indústrias de Calçados –, um exemplo é a Dilly, que possui uma marca própria, a Try On. "A competência de quem produz os tênis da Nike também está em um produto 100% brasileiro."

Com relação à concorrência, a Nike adota uma postura agressiva: a compra de diversas marcas que se destaquem no mercado, seja pelos valores de seu faturamento ou por representar conceitos inovadores. E, dessa maneira, a gigante do segmento esportivo vai controlando estrategicamente diversas facetas de seu mercado.

Há cerca de 17 anos, a Nike teve dificuldade para agregar valor à operação de calçados sociais.

> *Mas, recentemente, administradores da Nike perceberam que dando às marcas adquiridas independência, em vez de forçá-las a engolir a cultura corporativa do grupo, elas podem conseguir melhores resultados. (HOLMES; BERNSTEIN, 2004)*

Ainda segundo Holmes e Bernstein, a Nike não desmembra os resultados de cada submarca. As vendas do grupo cresceram 51% para US$ 1,4 bilhão em 2003. A Converse se destacou, responsável por quase 1/4 do crescimento. O ainda modesto portifólio de marcas diferentes ajuda a reduzir a dependência da companhia dos calçados de grande sucesso e poderá ajudar a Nike a conseguir um desempenho mais consistente.

Em função disso, a empresa se mostra ávida para controlar marcas complementares à medida que elas se tornarem disponíveis.

> *Em meados de agosto, ela pagou U$$ 43 milhões pela Official Starter Properties, uma lincenciadora de tênis e agasalhos de atletismo, cujas marcas incluem o selo Shaq de preços mais baixos. (HOLMES; BERNSTEIN, 2004)*

Um fator interessante de seu microambiente é que, embora mantenha o controle de fornecedores, fabricantes e lojistas, a Nike enfrenta o problema da pirataria. Seus produtos se tornaram tão desejáveis que são frequentemente falsificados e vendidos no mercado paralelo. As cópias alcançaram tamanha perfeição que passaram a ser consumidas não só pelas fatias mais baixas em termos de poder aquisitivo, mas também pela classe média.

Macroambiente

Apesar da falta de controle por parte da organização ser uma das características marcantes do macroambiente, podemos perceber que, no estudo de caso aqui apresentado, a Nike tem um bom desempenho nesse quesito. Isso se deve ao fato de a empresa não possuir uma relação de produção atrelada a um país ou continente, o que lhe permite ter maior agilidade para vencer as possíveis dificuldades nesse segmento, obtendo controle até mesmo por seu posicionamento hegemônico e agressivo.

No entanto, existem outros quesitos nos quais a empresa sofre as mesmas ameaças a que estão sujeitas as demais empresas do segmento, como fatores ambientais, por exemplo, que têm conquistado grande relevância no contexto, tendo em vista que toda matéria-prima usada na fabricação de seus produtos deve ser, de preferência, autossustentável, ou reciclada.

À medida que os parâmetros ambientais foram assumindo maior relevância, passaram a influenciar o mercado de consumo e, consequentemente, a forma de planejar o produto.

Questões socioculturais são importantes no processo de marketing da organização, pois o consumidor tem um alto nível de exigência em relação ao produto que vai consumir e está preocupado em saber como é produzido, havendo uma crescente conscientização por parte dos usuários. Isso faz com que a Nike precise sempre justificar sua postura para se livrar da fama que a condenou na década passada, como empresa exploradora de mão de obra.

Ainda como fator sociocultural, questões mais triviais, como hábitos de consumo e comportamento – que, com, advento da globalização, exercem enorme influência sobre os consumidores –, passam a elencar as preocupações estratégicas da empresa. Mas, nessa categoria, a Nike não só recebe influências como influencia positivamente. Os consumidores desejam o seu produto e isso se torna coerente com sua identidade, seu posicionamento, sua estratégia.

A Nike, como toda grande corporação, investe em observatórios de tendências, e está constantemente produzindo produtos coerentes com os desejos de seus consumidores. O *Nike ID*, por exemplo, é um canal de venda em que o usuário pode, pela Internet, customizar seu produto, que é vendido pela web e entregue no endereço desejado pelo comprador. Outro exemplo de agilidade em captar essas tendências é o Nike vendido juntamente com o Ipod, ressaltando a sensibilidade de seu departamento de marketing para novos hábitos e experiências de consumo.

E, finalmente, pode-se dizer que a economia e a política de uma região onde a empresa está inserida determina de forma direta todas suas atividades, pois ela deverá se enquadrar dentro do processo normativo estabelecido por esses quesitos. E, embora a Nike não consiga controlar esses fatores, soube muito bem se aproveitar deles, quando, na quebra de barreiras econômicas, expandiu sua atuação para o mundo todo, tornando-se a enorme potência mundial no segmento de produtos voltados para a prática de esportes.

IDENTIDADE

Nike, a deusa grega da vitória, passa a batizar a marca líder de artigos esportivos no mundo. Uma identidade bastante coerente tanto do ponto de vista estratégico, quanto do ponto de vista do posicionamento de mercado[5].

O símbolo da Nike nasceu em 1971, antes da marca, e foi batizado de "swoosh" pela designer Carolyn Davidson, que curiosamente ganhou apenas US$ 35 pelo trabalho de criar a marca que movimenta hoje U$$ 35 bilhões ao ano. O swoosh, numa pobre tradução, significa "o som produzido por arremetidas repentinas de ar ou de algum líquido".

Figura 2 – Imagem do símbolo da Nike, chamado de swoosh.

---

[5] Ver Seção 3.5, "Posicionamento estratégico".

A Nike, analisada sob a ótica de sua identidade, é uma empresa agressiva, inovadora, que dita e segue tendências e, portanto, é coerente com as novas lógicas de mercado, conforme se demonstra na tabela a seguir:

Identidade

EMPRESA	SIM	NÃO
Conservadora		X
Inovadora	X	
De vanguarda	X	
Agressiva	X	
Passiva		X
Faz tendência	X	
Segue tendência		X

Tabela 2

Identidade de empresa Nike, com base em observações feitas no mercado.

MISSÃO

Trazer inovação e inspiração a todos os atletas no mundo e se você tem um corpo, você é um atleta.

A missão da Nike é coerente com sua atuação, pois é uma empresa extremamente inovadora e vanguardista. Tanto no seu portfólio de produtos como no gerenciamento de sua marca, com marketing agressivo, que associa seu nome aos mais bem-sucedidos atletas da história contemporânea do esporte.

Dessa maneira, a empresa aproxima seus consumidores comuns "do ideal" de saúde e bem-estar, tão em voga nos ambientes socioculturais de hoje.

POSICIONAMENTO ESTRATÉGICO

A Nike é líder mundial no mercado de produtos esportivos, com uma participação de 40%, oferecendo tênis, vestuário, equipamentos e acessórios desenvolvidos com a mais alta tecnologia, objetivando ajudar no desempenho e aperfeiçoamento dos atletas.

A empresa atua principalmente nas faixas de mercado A e B, entretanto, num fenômeno digno de estudos mais aprofundados, exerce tamanho fascínio, que extrapola o mundo esportivo e, mesmo usuários não praticantes de atividades esportivas, desfilam produtos assinados pela marca.

Posicionamento estratégico

FAIXA DE MERCADO	NIKE
a	atende
b	atende
c	atende parcialmente
d	atende parcialmente
e	atende parcialmente
a . b . c . d . e	atende parcialmente

Tabela 3

Posicionamento estratégico da empresa Nike, com base em observações feitas no mercado.

DESIGN E SUSTENTABILIDADE AMBIENTAL

O acelerado crescimento demográfico, tecnológico e industrial do último século provocou considerações por parte da sociedade sobre o impacto desse crescimento na qualidade de vida das pessoas e na preservação ambiental.

Questões como responsabilidade social, desenvolvimento sustentável e consumo consciente passaram a fazer parte do cotidiano das empresas, da sociedade e do governo. A preocupação em relação a questões ecológicas e ambientais foi intensificada a partir das décadas de 1960 e 1970, quando surgiram movimentos ecológicos referentes aos problemas resultantes da poluição causada por grandes indústrias e para a conservação da energia. Entretanto, apenas nos anos finais do século XX, a observância dessas questões tornou-se fonte de vantagem competitiva por parte das empresas e foco de atenção para a sociedade como um todo.

Considera-se que o marco formal mais importante para a tomada de consciência e mudança de atitude foi a criação de um documento, o Ambiental World Commission on Environment and Development – WCED (1987), no qual definiu-se o conceito de desenvolvimento sustentável: "Aquele que atende às necessidades do presente sem comprometer as possibilidades de futuras gerações atenderem às suas."

Esse conceito de desenvolvimento sustentável apresentado não apregoa a preservação da natureza em seu estado natural, mas a melhoria da qualidade de vida pelo gerenciamento racional das intervenções no meio ambiente, com ou sem transformação da estrutura e das funções dos ecossistemas, distribuindo os custos e benefícios entre as partes envolvidas de forma equitativa e eticamente justificável.

Fatores como eliminação de desperdícios (energia, matéria-prima etc.), o uso mínimo e apropriado de materiais, desenvolvimento de projetos robustos com longa vida útil, e a antecipação de fatores relacionados ao descarte, como desmonte, reutilização e reciclagem são itens relacionados ao modelo de desenvolvimento de produtos adotados pelo *design for environment*. A sigla DFE de Design for Environment origina-se do sistema DFX (Design for X), em que X representa a característica de um produto que deva ser maximizada, como facilidade de montagem, manutenção etc.

Dessa maneira, não poderia faltar na abordagem de metaprojeto a análise de tais requisitos.

CICLO DE VIDA E MEIO AMBIENTE

O projeto do produto é o ponto de partida para atender a essa nova realidade. Santos (2002) acredita que a inserção de parâmetros ambientais em projetos de produtos enseja duas maneiras de ser abordada. Uma em que observam-se as questões ambientais dentro do contexto do projeto, e outra, mais estratégica, em que os parâmetros ambientais influenciam a totalidade do planejamento do produto. Para ele,

> quando o design é tratado de forma mais abrangente, assumindo uma posição estratégica, já não basta tratar a questão ecológica como uma especificação do produto. Existe a necessidade de adsorvê-la junto ao conceito de design, fazer com que um se funda ao outro, gerando o que poderíamos realmente considerar design for environment ou design para o meio ambiente. (SANTOS, 2002)

Um dos requisitos para a coerência de um produto com as novas diretrizes de preservação do meio ambiente é a utilização de poucas matérias-primas no mesmo produto, como maneira de se utilizar de forma inteligente e racional os recursos disponíveis.

O produto analisado utiliza-se das seguintes matérias-primas:

Nylon e couro – estrutura superior e costuras;

Poliuretano ou EVA e tecido – sola inferior;

EVA com poliuretano e zoom air[6] na planta

Poliuretano – sola intermediaria;

Borracha sólida – sola.

Retomando a análise dos materiais, pode-se perceber que não há uma lógica ponderada no consumo de materiais. A escolha dos materiais foi apenas pensada em termos de desempenho do produto, no quesito usabilidade, mas a parte de meio ambiente e ciclo de vida foi negligenciada.

Outro requisito de importância para esse tópico é a maneira com que as partes do produto são fabricadas. No caso do Nike Shox, há um sistema de injeção dupla, são combinados termoplásticos incompatíveis entre si, ou de difícil separação ao final da vida útil do

---

[6] Molas de plástico flexíveis preenchidas com ar/gás.

produto, que corresponde a cerca de seis meses, com uso constante, para um atleta de médio desempenho.

Segundo vários estudos, quando os calçados atingem esse tempo de uso, já perderam cerca de 30% da capacidade de amortecimento de impactos (e estabilidade), elevando o perigo de lesões, devido à insuficiência de amortecimento e apoio.

Como a extensão da vida útil dos tênis para atletas é bastante curta – situa-se entre os 500 ou 700 quilômetros, ou 150 a 200 horas de prática para esportes não lineares, seria recomendável que houvesse maior facilidade de desmembramento dos componentes do produto.

REDUÇÃO DE CUSTO

A utilização de materiais tão diversos e específicos, tecnologicamente concebidos para exibir o melhor desempenho, não tem a pretensão de reduzir custos. Provavelmente, essa estratégia é empregada como dificultadora de cópias e exibição de excelente desempenho.

A Nike desenvolveu o Nike-air que consiste num gás encapsulado numa membrana de uretano. O resultado é uma sola intermédia que amortece mais e que possui um tempo de vida útil mais longo porque não comprime tão rapidamente, como as primeiras solas intermédias[7], pois essa tecnologia mantém a elasticidade por mais tempo. Muitos fabricantes utilizam várias densidades da espuma da sola intermédia para aumentar a estabilidade e o controle biomecânico oferecido pelo calçado (normalmente, utiliza-se uma zona de maior densidade colocada por baixo da zona medial do calcanhar, de forma a estabilizar o movimento durante o ciclo).

O design da sola intermédia pode ser simples (cortada) ou moldada anatomicamente, no caso do produto analisado. Esse recurso permite ao pé assentar anatomicamente na sola criando uma "parede" estabilizadora ao seu redor e melhorando o desempenho ergonômico.

Com relação a custos de transporte, da mesma maneira, há poucas alternativas para o produto, uma vez que as dimensões estão atreladas ao padrão corpo humano. O máximo que se pode garantir é a diminuição de peso na embalagem, bem como a utilização de materiais recicláveis e ou reutilizáveis. Nesse caso, a empresa é coerente optando pela utilização de papelão.

---

[7] Ver na Seção 3.2.1, "O surgimento do calçado desportivo".

A EVOLUÇÃO TECNOLÓGICA E A POLÍTICA AMBIENTAL

Em recente pesquisa sobre o consumidor brasileiro e sobre as percepções a respeito das consequências do ato de consumir, o Instituto Akatu – Organização não governamental que visa educar para o consumo consciente –, concluiu que, apesar do crescente reconhecimento da importância dos problemas relativos ao padrão de consumo por alguns atores específicos da sociedade, ainda não houve, por parte do consumidor, uma compreensão plena das implicações de seus atos de consumo, tanto no que se refere aos seus impactos no meio ambiente, como em relação ao seu poder de induzir e interferir na promoção do desenvolvimento sustentável.

O sistema ISO 14000 oferece uma norma internacional para o Sistema de Gestão Ambiental (SGA), de tal forma que as organizações tenham uma estrutura sistemática para suas atividades ambientais. A série disponibiliza diretrizes para que uma organização projete, desenvolva e implemente o SGA como parte do sistema de controle e informações administrativas, visando melhoria do desempenho ambiental por meio da otimização desses processos e sistemas.

No entanto, pode-se questionar a real necessidade de se isolar uma categoria de design que se preocupe com o ambiente. Para alguns, essa é uma tarefa inerente à responsabilidade social do designer.

Dessa maneira, a aplicação do Metaprojeto é de fundamental importância, pois é coerente com o cenário dinâmico global e não se limita às metodologias engessadas e rígidas. A evolução tecnológica e a política ambiental não só são fatores que influenciam o desenvolvimento dos produtos, como a criação da inovação deve se orientar para a concepção baseada em total respeito a esses requisitos.

Estamos falando de um processo dinâmico que sugere uma visão menos imediatista e mais consequente dos impactos gerados pelo crescimento econômico, em benefício da qualidade de vida dos que estão aqui e das futuras gerações de brasileiros. É perfeitamente possível gerar emprego e renda sem descuidar da variável ambiental, o que significa compatibilizar desenvolvimento com qualidade de vida na sua acepção mais ampla. Isso requer coragem, porque estamos falando de uma nova cultura política, de um novo modelo de gestão e de novos parâmetros para o desenvolvimento (TRIGUEIRO, 2005).

E se ainda, no mundo contemporâneo, há espaço para entrada de produtos divergentes dessa nova lógica sustentável, é função primordial do designer, como responsável pela concepção desses novos produtos, conscientizar até mesmo os seus clientes – fabricantes, sobre a importância dessa visão, para que isso se torne uma condição *sine qua non* para fabricação, colocação e consumo de novos produtos no mercado, como ressalta Trigueiro.

PROJETO DE PROCESSOS

Num produto como o Nike Shox Cog iD, os processos envolvidos estão diretamente ligados aos materiais empregados e partem de uma extensa pesquisa da tecnologia disponível envolvida.

Entretanto, por se tratar de um produto extremamente inovador, muitas vezes a tecnologia é nova e, portanto, pressupõe-se que, atrelado ao desenvolvimento do material, seja também projetado o fluxo de projeto, numa coordenada manobra interdisciplinar que envolve equipes de engenharia e designers.

No produto analisado temos, com relação à escolha de processos, a injeção de termoplásticos, costuras, cortes a laser, soldas, entre outros. Com relação a provocarem baixo impacto ambiental, esses processos não figuram entre os mais coerentes, principalmente a injeção de termoplásticos incompatíveis e soldas que tornam a separação dos componentes um processo inviável, ao final do ciclo de vida.

PROJETO DE PRODUTOS

No âmbito do projeto de produtos, a Nike utiliza recursos naturais como as borrachas e os couros e diversos materiais sintéticos como, por exemplo, a enorme variedade de termoplásticos.

Por se tratar de um produto em que o diferencial é a tecnologia empregada, não há informações muito precisas disponíveis.

Com base em pesquisas e levantamentos de dados, bem como em análises comparativas, acredita-se que a borracha, que é comumente utilizada no produto em questão, é combinada com carbono, pois oferece durabilidade e tração, características fundamentais para o bom desempenho principalmente em calçados de corrida.

A borracha, provavelmente, é expandida, propiciando leveza e capacidade de amortecimento de impactos, principalmente em casos de corrida.

A borracha de látex é utilizada em calçados de *indoor* (voleibol, *squash*, futebol de salão etc.), pois esse tipo de material oferece boa tração em superfícies de madeira. Já os calçados de *court* (basquetebol, tênis, voleibol etc.) possuem uma zona chamada de *cupsole* na caixa dos dedos, normalmente, muito bem cimentada com a estrutura superior. Esse tipo de design promove a durabilidade e algum apoio lateral. Os calçados de corrida, devido ao fato do esporte não possuir movimentos laterais, não possuem este tipo de sola.

Quanto à utilização de poucos componentes no mesmo produto, uma das características do calçado esportivo é que cada componente possui características que trazem benefícios específicos ao usuário.

SUSTENTABILIDADE AMBIENTAL

MARCA/MODELO	NIKE SHOX
Modelo	shox 2:45
Peso	351 G tamanho 9 USA
Preço	US$ 250,00
Formato/construção	semicurvo/cosido
Acomodação	tornozelo normal, caixa dos dedos regular
Sola intermédia	EVA com unidade Shox no calcanhar e Zoom air na planta
Sola	borracha sólida
Recomendado para	corredores neutros que procurem amortecimento máximo
Não recomendado para	corredores que procurem calçados com equilíbrio entre estabilidade, amortecimento de impactos e resposta
Concorrência	adidas supernova cushion . mizuno wave creation new balance m1023

Tabela 4

Análise de um modelo de tênis, em função dos seus elementos e da sustentabilidade ambiental.

Formatos e construções

Um dos aspectos mais importantes do calçado esportivo é a fôrma em que este é construído. A fôrma é a peça de metal ou madeira à volta da qual é construído o calçado. A fôrma afeta dois aspectos do calçado:

O formato do calçado que resulta do formato da própria fôrma.

A construção do calçado que resulta da fôrma como o calçado é construído (como a estrutura é fechada contra a fôrma).

Os formatos afetam as características de apoio do calçado e a acomodação do pé. Existem três tipos básicos de formato:

1. direito: o mais reto, é o que oferece maior apoio e menor flexibilidade de todos, sendo recomendado para pronadores[8].

2. semicurvo: formato mais comum no calçado esportivo, é o formato mais universal, sendo adequado para quase todos os tipos de pés, devido ao equilíbrio entre estabilidade e flexibilidade.

---

[8] Pronadores são as pessoas que têm pés e tornozelos considerados "frouxos", em que a parte da frente do pé se volta excessivamente para dentro (N.E.).

3. curvo: formato mais cavado e curvo, sendo o que oferece menor apoio e maior flexibilidade, podendo ser usado por supinadores[9], é mais usual em calçados de competição.

Já a construção do calçado é importante, pois determina a flexibilidade e a estabilidade do calçado, os três tipos de construção são:

1. cosido: a estrutura superior é costurada em volta da forma tornando o calçado muito mais flexível e leve, assim como mais aconchegante, tornando-o um tipo de construção adequada para supinadores.

2. colado: quando a estrutura superior é cimentada e colada com um cartão fibroso, este tipo de construção oferece maior estabilidade e uma boa plataforma para utilizadores de palmilhas ortopédicas (pronadores), ou pessoas pesadas. No entanto, este tipo de construção torna-se mais inflexível e requer por vezes um período de habituação.

3. combinado: este método combina os dois anteriormente descritos; é colado no calcanhar para estabilidade e cosido na planta para flexibilidade e leveza; é ideal para todos os tipos de pés.

A análise do produto indica que o modelo em questão é de formato curvo e tem sua construção baseada no modelo "colado", uma vez que os componentes são injetados em conjunto para maior resistência ao impacto e aos esforços a que é submetido esse tipo de calçado.

Figura 3 – O modelo analisado é do tipo combinado.

Otimização das espessuras dos produtos

Este é o primeiro dos calçados com tecnologia shox, recurso com o qual a Nike corrigiu a maior parte dos problemas de amortecimento de impacto para uma variedade de modalidades.

Com colunas de perfis mais baixos, para maior estabilidade, sola intermédia mais fina (centro de gravidade mais baixo) e com unidade zoom air para maior resposta.

---

[9] São as pessoas que têm a característica oposta à dos pronadores. Seus pés e arcos são tão rígidos que não caem para dentro, ou pronam, o suficiente para oferecer uma absorção do impacto para a perna e o pé.

Figura 4 – Vista lateral do Nike, detalhe para a tecnologia shox.

Entretanto, a espessura dos materiais não foi pensada sob a ótica da responsabilidade ambiental, mas sim do desempenho na realização dos esforços por parte dos atletas, bem como da resistência e da durabilidade dos materiais.

Insertos metálicos

Pequenos pitons no rasto da sola dos calçados (principalmente de corrida) oferecem tração. Muitos fabricantes possuem solas de várias densidades para oferecer durabilidade (no calcanhar), leveza e flexibilidade na planta do pé.

Os calçados de pitons ou travas são construídos primariamente com o objetivo de oferecer tração, uma vez que as atividades a que se destinam são praticadas em gramados. Os pitons são normalmente em poliuretano e dispostos em padrões de acordo com as necessidades de tração do esporte a que se destinam.

Não há materiais metálicos no produto.

Todos os calçados possuem quatro componentes básicos. No caso do tênis em questão, podemos analisar:

ESTRUTURA SUPERIOR

A função da estrutura superior é abraçar e acomodar o pé e oferecer apoio. As estruturas superiores podem ser constituídas por diferentes materiais, tais como: couro, rede de "nylon" ou outros materiais sintéticos, o tipo de materiais usado depende da natureza do esporte. Por exemplo: o produto analisado, Nike Shox COG iD Men's, possui estruturas superiores com características de calçados de corrida, possui estruturas em "nylon" e couro para respiração e apoio. Alguns fabricantes utilizam material refletor na caixa dos dedos, contraforte ou língua dos calçados de corrida e *cross training* por motivos de segurança.

Figura 5 – Detalhe da utilização de material refletor no tênis Nike.

Alguns componentes da estrutura superior afetam a sua função: a caixa dos dedos é feita em couro. Existem dois tipos de símbolos ou logotipos da marca: funcional e não funcional. As marcas cujos símbolos são funcionais são, por exemplo, a Adidas, Reebok e Puma. Essas marcas utilizam os logotipos nos seus calçados de forma a oferecerem apoio como, por exemplo, as três riscas da Adidas. No caso da Nike, o logotipo não é funcional.

Alguns fabricantes reforçam a estrutura superior com componentes de apoio como contrafortes externos ou barras estabilizadoras que contribuem para o aumento do tempo de vida útil da estrutura superior.

O contraforte é outro componente importante da estrutura superior, pois minimiza os movimentos laterais do calcanhar. Os contrafortes podem ser constituídos em cartão fibroso ou em plástico.

Os contrafortes em cartão eram muito utilizados no passado, mas esse tipo de contraforte perde a sua rigidez com a umidade, o plástico não é afetado pelo suor, durante muito mais tempo.

Em resumo, esses componentes possuem benefícios que oferecem uma estrutura superior com apoio, estabilidade e alguma proteção dos elementos.

Figura 6 - Os contrafortes externos usados hoje.

A sola

A sola é a superfície de ataque ao solo e é construída de modo a oferecer tração, durabilidade e flexibilidade. Os materiais utilizados na sua composição influenciam essas propriedades.

Figura 7 - Vista da sola e todos os seus componentes.

O componente seguinte é a sola interior (mais conhecida por palmilha). Normalmente, as palmilhas são removíveis e feitas em poliuretano ou em EVA, com uma face em tecido; algumas possuem um apoio para a arcada longitudinal que se adapta ao pé depois de alguns dias de utilização. A vantagem das palmilhas removíveis é o fato de poderem ser lavadas. As palmilhas perdem a sua eficácia na metade do tempo de vida útil do calçado, em função da compressão exercida pelo próprio peso do usuário.

A sola intermédia

A sola intermédia é o maior avanço tecnológico da evolução do calçado esportivo, sua principal função é dispersar as forças geradas pelo ciclo mecânico.

Figura 8 - Imagem ilustrativa da sola intermédia.

A sola intermédia é vital em todas ou quase todas as categorias de calçados esportivos.

Elas variam em materiais e em "design", os materiais mais comuns são: etil vinil acetato (EVA), poliuretano (PU), e polietileno (PE) ou borracha expandida.

O EVA é o material mais comum das solas intermédias, esponjoso e elástico com a aparência de borracha; a elasticidade do EVA. significa que possui alguma capacidade de voltar à sua forma original, o que é muito importante, pois quanto maior a sua elasticidade, maior o seu tempo de vida útil.

Com os avanços técnicos, foram aparecendo novos materiais para a fabricação das solas intermédias, em regra mais leves e mais elásticos.

O EVA moldado é um desses materiais, durante o processo de fabrico o EVA é aquecido, comprimido e introduzido num molde. Esse processo produz um material mais leve, no entanto mais denso e mais elástico.

O poliuretano é um material com propriedades semelhantes, no entanto, torna-se relativamente pesado e inflexível. Existem novos tipos de poliuretano que são mais leves e flexíveis.

O polietileno é relativamente novo e similar ao EVA moldado, mas torna-se demasiado fofo, os fabricantes estão tentando resolver o problema.

A unidade de amortecimento

As unidades de amortecimento são tecnologias específicas e exclusivas de cada fabricante. Cada um utiliza sua própria tecnologia. As principais funções desse componente são:

1. reduzir o peso; salvo em alguns casos, as unidades de amortecimento pesam menos que a espuma da sola intermédia que substituem.

2. aumentar a capacidade de amortecimento de impactos da sola intermédia em zonas específicas; as unidades de amortecimento possuem capacidades de amortecimento superiores às da espuma da sola intermédia.

3. aumentar o tempo de vida útil da sola intermédia. Quanto maior for a unidade de amortecimento, maior será o tempo de vida útil da sola intermédia (porque possui menos quantidade de esponja, que é menos durável). Essa é a razão pela qual as unidades de amortecimento dos calçados são cada vez maiores.

No caso da Nike, seu diferencial é a tecnologia Shox que consiste em seis molas de amortecimento. Essa tecnologia é um de seus grandes segredos industriais e, embora haja diversas cópias de seus produtos no mercado paralelo, como não há a garantia do desempenho no caso das cópias, essa concorrência não chega a oferecer exatamente um risco mercadológico. Essa tecnologia provavelmente mistura materiais e densidades diferentes para a obtenção de um resultado ótimo, entretanto, não há dados confirmados sobre a compatibilidade dos materiais dessas solas.

O PRODUTO E O MEIO AMBIENTE

Portanto, após a análise dos elementos descritos, pode-se inferir que o Nike Shox Cog iD é um produto incoerente em relação à maioria dos requisitos analisados.

COERÊNCIA DESIGN E SUSTENTABILIDADE AMBIENTAL

SUSTENTABILIDADE AMBIENTAL	SIM	NÃO
Utilização de poucas matérias-primas no mesmo produto		nylon e couro – estrutura superior; poliuretano ou EVA e tecido – sola inferior; EVA com poliuretano e zoom air na planta; poliuretano – sola intermediária; borracha sólida – sola.

Uso de materiais termoplásticos compatíveis entre si		não
Escolha de recursos naturais e processos de baixo impacto ambiental		não
Utilização de poucos componentes num mesmo produto		nylon e couro – estrutura superior; poliuretano ou EVA e tecido – sola inferior; EVA com poliuretano e zoom air na planta; PU – sola intermediária; borracha sólida – sola.
Facilidade de desmembramento e na substituição de componentes		materiais colados ou injetados unidos
Extensão da vida do produto		não se aplica
Otimização das espessuras das carcaças dos produtos termoplásticos	espessuras mais finas para maior leveza e desempenho ótimo	
Não utilização de incertos metálicos em produtos termoplásticos		dado não confirmado
Não utilização de adesivos informativos de materiais que não sejam compatíveis		dado não confirmado

Tabela 5
Aplicação de Metaprojeto – Diagnóstico da sustentabilidade ambiental.

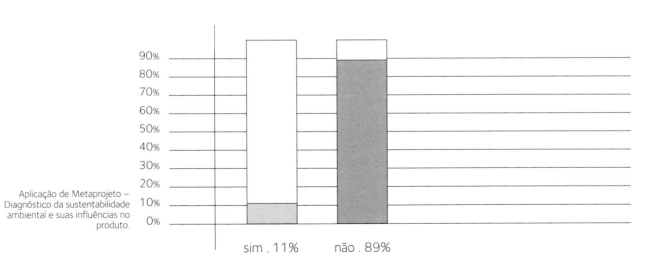

Aplicação de Metaprojeto – Diagnóstico da sustentabilidade ambiental e suas influências no produto.

sim . 11%   não . 89%

SISTEMA DESIGN

Por sistema design do produto entende-se toda sua estratégia de comunicação, e, para que seja um sistema voltado para a excelência, deve haver uma coerência entre a comunicação e o produto, por meio dos pontos de venda, como na ferramenta clássica do marketing conhecida como 4 P's – Produto, Preço, Ponto de venda, Promoção. Para alguns autores, essa ferramenta já incorporou o quinto P, relativo a Pessoas.

Um dos fatores que permitiu que a Nike se tornasse a gigante que é hoje foi o fato de ela saber muito bem como estruturar seu sistema, fazendo de seus produtos e sua marca objetos do desejo, ao primar pelo design e trabalhar coerentemente sua distribuição.

Mesmo quando ainda esse estilo de gestão não era tão disseminado, a empresa se destacava por essa postura inovadora.

PRODUTO

O produto mantém a coerência com o sistema, na medida em que preserva a identidade dos produtos Nike em seu design, bem como a aplicação de sua marca.

O design de seus produtos é bastante característico. Pode-se dizer que mesmo que não apareça o swoosh, é possível identificar os calçados como um produto Nike.

MARCA

A marca está sempre associada às imagens positivas e figura nos mais importantes pontos de venda, sempre com displays, anúncios, cartazes, outdoors, entre outras ferramentas de distribuição e propaganda nos pontos de venda ou fora deles.

EMBALAGEM

A embalagem, apesar de trazer a marca e ilustrações é, em comparação com os outros elementos do sistema design, um pouco menos eficiente, pois não traz o mesmo grau de inovação, limitando-se a uma simples caixa de papelão, podendo até mesmo ser considerada incoerente para um produto que custa mais de R$ 500,00.

EXPOSIÇÃO DO PRODUTO

As lojas exclusivas Nike, conhecidas como megastores, primam por proporcionar aos seus clientes uma experiência de consumo em que tudo remete ao esporte, ao bem-estar, à saúde e à identidade da Nike.

Em distribuidores multimarcas, a Nike se utiliza de displays e, na maioria das vezes, consegue exercer seu controle sobre a forma de exposição. Até mesmo porque a marca já é consolidada. Seus clientes não consomem apenas tênis, consomem "Nike". Entretanto, por vezes, a exposição se torna tão poluída em meio a tantas opções de modelos e marcas nas lojas esportivas, que não é dada a atenção necessária ao produto.

Analisando esses dois opostos, ainda pode-se considerar a exposição do produto coerente e adequada na maioria dos casos.

PREÇO

O produto chega a custar R$ 600,00, dependendo do modelo e dos impostos de importação.

Trata-se de um produto que carrega em seu preço mais valores intangíveis do que propriamente relativos à matéria-prima e aos processos com os quais foi produzido. Na realidade, para a Nike, apesar de ter investido milhões em anos de pesquisa e desenvolvimento para lançar o Nike Shox, a tecnologia produtiva já permitiu que esse custo se diluísse.

COERÊNCIA SISTEMA DESIGN

Diagnóstico do sistema design

SISTEMA DESIGN	UNIDADE FORMAL	HARMONIA VISUAL	COERÊNCIA ENTRE PARTES	MENSAGEM PERCEBIDA
produto				
estrutura física do produto	sim	sim	sim	sim
embalagem	parcial	parcial	parcial	parcial
comunicação				
catálogos	sim	sim	sim	sim
parcerias e patrocínios	sim	sim	sim	sim
anúncios publicitários	sim	sim	sim	sim
home page	sim	sim	sim	sim
distribuição				
lojas	parcial	parcial	parcial	sim
show-room	sim	sim	sim	sim
feiras	sim	sim	sim	sim

Tabela 6
Aplicação de Metaprojeto –
Diagnóstico do sistema design.

Diagnóstico resumido do sistema design

SISTEMA DESIGN	UNIDADE FORMAL	HARMONIA VISUAL	COERÊNCIA ENTRE PARTES	MENSAGEM PERCEBIDA
Produto	parcial	parcial	parcial	parcial
Comunicação	sim	sim	sim	sim
Distribuição	sim	sim	sim	sim

Tabela 7
Aplicação de Metaprojeto – Diagnóstico resumido do sistema design.

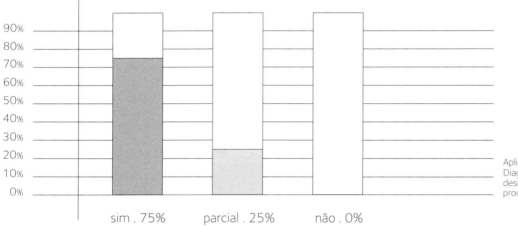

Aplicação de Metaprojeto – Diagnóstico da coerência sistema design e suas influências no produto.

Influências socioculturais

A MODA

Figura 9 - Imagem de várias ocasiões em que se pode observar a influência do produto na moda.

Numa empresa como a Nike, a moda exerce tal relevância que, em determinado momento, torna-se difícil saber de onde parte a influência, se a marca influencia o prêt-à-porter, a moda casual e a moda de rua ou vice-versa.

São inúmeros os exemplos de locais em que a Nike figura como estrela. Nos mais diversos veículos de moda, publicações e nas coleções dos estilistas mais renomados. De Stella McCartney ao Brasileiro Jum Nakao. No caso de Jum Nakao, pela primeira vez na história, em 2004, a NIKE, gigante do segmento esportivo e vestuário, com o maior faturamento global, estabeleceu mundialmente um contrato com um designer para uma linha premium: JUM NAKAO for NIKE.

Figura 10 - Imagem ilustrativa de um contrato mundial com um designer para uma linha premium: JUM NAKAO for NIKE.

Para a coleção "Jum Nakao for Nike", vendida globalmente nos melhores e mais importantes pontos de venda, a inspiração foi a atmosfera das festas no Copacabana Palace – o hotel mais antigo e refinado do Rio de Janeiro –, uma expressão tipicamente brasileira que mostra como a empresa é conectada às influências da moda, que se refletem não somente em seu segmento de vestuário, mas nos padrões de comportamento fora dele.

Figura 11 - Imagens de produtos, linha premium: JUM NAKAO for NIKE.

Na coleção de Jum Nakao, a mistura de cores e tecidos revela um frescor próprio, evidenciado por silhuetas realçadas, destacando a força e a beleza da figura feminina, ao mesmo tempo em que estão baseadas no esporte. A coleção é uma linha leve e jovial, coerente com a imagem que a Nike sempre desejou manter.

A MÚSICA

A música também é uma influência significativa para a indústria esportiva. Atrelada à moda, por exemplo, na coleção de Jum Nakao, a capoeira e outros ritmos brasileiros influenciaram o departamento de estilo da Nike. Isso pode ser notado nas formas fluidas e leves e linhas orgânicas dos produtos que integram a coleção.

A música eletrônica, muito em voga ultimamente, também influencia o estilo Nike. Como uma das formas mais frequentes de diversão dos jovens no terceiro milênio, surgem as raves e trances, festas em que dançar freneticamente, ao som de ritmos eletrônicos é a ordem da vez. Tais festas são famosas pela longa duração – algumas chegam a durar semanas, apresentar enorme diversidade de atrações. Para enfrentar essas verdadeiras maratonas, os frequentadores precisam estar vestidos adequadamente. A Nike, exímia observadora dos padrões de comportamento, captando essa tendência, investiu em tecnologia de calçados com amortecimentos com bom design, o que propiciou a migração do produto das pistas de corrida para as pistas de dança. Da mesma maneira, os tecidos leves e vaporosos passaram a ilustrar diversos editoriais de moda, misturados a tecidos nobres, jeans, joias, enfim, o que se observa é uma verdadeira salada de estilos.

OS ESPORTISTAS

Foi aí que quase 20 anos atrás o astro projetista da Nike, Tinker Hatfield, surgiu com o Air Jordan – o calçado esportivo mais vendido de todos os tempos. Nesse momento, Hatfield e sua equipe estão avaliando os resultados das Olimpíadas de Atenas. Eles produziram uma série de tênis super-rápidos para os jogos, incluindo a sapatilha de corrida chamada Monsterfly, e a Air Zoom Miler, para corredores de longa distância. A Nike patrocinou atletas destacados de todas as partes do mundo. Eles levaram, de Atenas, 50 medalhas de ouro e dezenas de prata e bronze. Na prova de corrida de 1.500 metros para homens, por exemplo, Hicham El Guerrouj, do Marrocos, levou a medalha de ouro, Bernard Lagat, do Quênia, ficou com a de prata e Rui Silva, de Portugal, com a de bronze. Todos usaram o Air Zoom Miler, enquanto o corredor americano Shawn Crawford levou a medalha de ouro nos 200 metros com um par de Montersflys. E as roupas da Nike também tiveram seu dia de glória. Os quatros primeiros dos 100 metros rasos vestiam agasalhos com o símbolo da Nike. No entanto, os eventos mais eloquentes para a Nike não ocorrem nas pistas. A companhia, que adota um marketing de guerrilha e é famosa por meter seu nariz em grandes eventos esportivos, estava mostrando uma nova limitação. Oito anos atrás, em Atlanta, a Nike fez uma emboscada à Champion (da Sara Lee Corp.), patrocinadora do basquete, colocando seu símbolo em tamanho gigante na arena. Quando as câmeras de TV focalizavam as arquibancadas, os telespectadores viam a logomarca da Nike nítida e clara. A Nike já fechou contrato para ser um dos patrocinadores oficiais das Olimpíadas de Pequim (...). (HOLMES; BERNSTEIN, 2004)

Figura 12 - Ronaldo, um dos principais patrocinados pela Nike.

Por essa postura, pode-se perceber que a Nike enxerga positivamente o fato de ter sua imagem atrelada a grandes nomes do esporte mundial, como é o caso dos brasileiros Ronaldo e Ronaldinho Gaúcho.

O ESTILO DE VIDA SAUDÁVEL

Figura 13 - Evento Nike 10K.

Com o objetivo de proporcionar diversão e estimular a prática da corrida, a Nike criou a prova Nike 10K, disputada no mesmo dia em sete cidades de sete países diferentes: São Paulo (Brasil), Lima (Peru), Caracas (Venezuela), Bogotá (Colômbia), Cidade do México (México), Santiago (Chile) e Buenos Aires (Argentina).

Ao reunir, por meio dessa iniciativa, 80.000 corredores nas provas a empresa trabalha a vinculação de sua imagem ao estilo de vida saudável. Como seu departamento de marketing é expert em aproveitar oportunidades, a empresa trabalha a promoção de produtos de sua linha, além de lançar alguns exclusivos, em séries limitadas, como é o caso do Nike Shox Cognescenti.

A edição comemorativa exclusiva do tênis tem o cabedal laranja – a cor usada em toda comunicação visual da campanha da corrida Nike 10K – possui, ainda, um bordado na taloneira com o nome da cidade de São Paulo e, na palmilha, também laranja, está impresso o símbolo da corrida. O Nike Shox Cognescenti é um tênis ideal para treinamento de corrida, oferece grande amortecimento e pode ser utilizado para várias atividades.

O sistema de amortecimento Nike Shox proporciona excelente resposta, enquanto a construção interna sem costura do cabedal (parte superior do calçado) melhora o ajuste e reduz o atrito do pé com o calçado. A tecnologia Nike Shox foi lançada em 2000, após 16 anos de pesquisas, e vem sendo constantemente aperfeiçoada para proporcionar calçados que colaborem para melhorar o desempenho dos atletas envolvidos nas mais diferentes modalidades.

Num evento como a Nike 10K, a organização da prova é fundamental. Interessa à empresa que todo esse aparato colabore de maneira positiva para sua imagem. Um exemplo de que todas as influências socioculturais se relacionam é que, ao final de uma das edições da corrida, os inscritos poderão participar do show do Jota Quest.

Figura 14 - Foto ilustrativa do estilo de vida saudável.

INFLUÊNCIAS DAS TENDÊNCIAS MUNDIAIS

FATORES SOCIOCULTURAIS	ESTILO	ESTÉTICA	FORMA
novas tecnologias e materiais	sim	sim	sim
novas descobertas científicas	sim	sim	sim
novo movimento artístico	sim	sim	sim
novos comportamentos e costumes	sim	sim	sim
nova tendência da moda	sim	sim	sim
novos ritmos musicais	sim	sim	sim
catástrofes e guerras	não	não	não

Tabela 8
Aplicação de Metaprojeto –
Diagnóstico dos fatores
socioculturais.

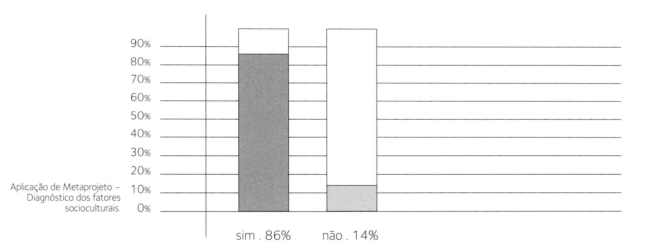

Aplicação de Metaprojeto –
Diagnóstico dos fatores
socioculturais.

TECNOLOGIA PRODUTIVA E MATERIAIS EMPREGADOS

Ao contrário de outras marcas de artigos esportivos, nas quais o core business tem foco no produto, a Nike, numa estratégia bastante inovadora para a época, entregou a manufatura para organizações especializadas e concentrou-se em criar lançamentos inovadores que colaborassem para o desempenho dos atletas.

Acredita-se, pela análise do produto, que seus componentes são entregues às montadoras que fazem a finalização. Há peças injetadas em conjunto para maior resistência ao impacto e aos esforços, e peças costuradas, que permitem maior flexibilidade.

CARACTERÍSTICAS MATERIAIS DO PRODUTO

São características específicas da tecnologia shox:

. O contraforte perfurado no calcanhar proporciona ajuste confortável e respirabilidade;

. A construção interna sem costura do cabedal melhora o ajuste e reduz o atrito do pé com o calçado;

. A plataforma de amortecimento Nike Shox com quatro colunas, proporciona diminuição do impacto;

. A lingueta com elasticidade e o sistema de amarração garantem um ajuste firme;

. Entressola da parte frontal em poliuretano/Phylon proporciona um andar consistente e um amortecimento durável;

. Sistema de de gás encapsulado aumenta o amortecimento.

Polímeros

O produto é uma combinação de diferentes polímeros. Em sua estrutura superior em "nylon", elastano e/ou couro para respiração e apoio.

As palmilhas são fabricadas em poliuretano ou em EVA, com uma face em tecido; algumas possuem um apoio para a arcada longitudinal, que se adapta ao pé depois de alguns dias de utilização.

As solas intermédias trazem diferentes materiais, dentre os mais comuns destacam-se: etil vinil acetato (EVA), poliuretano (PU) e polietileno (PE) ou borracha expandida.

No caso específico do Shox, a tecnologia de amortecimento de impactos e impulsão é baseada numa série de colunas em PU. O poliuretano é um material mais leve, no entanto, mais denso e mais elástico, sendo relativamente pesado e inflexível. Existem novos tipos de poliuretano que são mais leves e flexíveis.

As borrachas utilizadas na sua construção influenciam propriedades, como tração e resistência. Para cumprir o melhor desempenho, são fabricadas combinadas ao carbono, e expandidas, para se tornarem mais leves e capazes de amortecer impactos.

CARACTERÍSTICAS DIMENSIONAIS

Com a tecnologia Nike Shox, o peso dos calçados chega a ter pouco mais de 300 g, com as dimensões médias de 30 cm de comprimento, 11 cm de largura e 10 cm de altura.

PROCESSO PRODUTIVO E MONTAGEM

A fabricação de tênis conta atualmente com diversos tipos de máquinas que permitem racionalizar as operações e melhorar substancialmente a produtividade.

Nesse perfil, foram considerados os equipamentos que propiciam maior emprego de tecnologia, minimizando o uso de mão de obra e aumentando o controle de qualidade do produto final.

operações básicas para a confecção do produto:

ETAPA I – Almoxarifado

Tanto o nylon, proveniente de poliamidas sintéticas, como o couro, vindo dos próprios curtumes, são recebidos pelo almoxarifado.

O couro é, então, classificado visualmente de acordo com o toque, a espessura e a gravação da estampa.

ETAPA II – Corte

As peças que compõem o cabedal e os seus acessórios são destacadas por meio de máquinas chamadas balancins. Os cortadores são treinados a conduzir o corte de maneira que são selecionadas as regiões das peles conforme as peças do cabedal, garantindo qualidade e mais resistência para os calçados.

. Cortar cabedal;

. Cortar palmilha de forro;

. Cortar palmilha de montagem;

. Carimbar palmilha de forro;

. Conferir, numerar cabedais e forro e colocar nos carrinhos.

ETAPA III – Preparação

Aqui as peças são preparadas e organizadas com as devidas identificações e marcações para costura, garantindo a sua padronização.

A finalidade desse setor é dar suplementação às peças provenientes do setor de corte, adicionando mais resistência ao cabedal por meio de colas e adesivos termoplásticos.

ETAPA IV – Pesponto

Nessa etapa, ocorre a junção entre as várias peças que compõem o cabedal, operação realizada com o auxílio de máquinas de costura apropriadas ao material e à finalidade.

Simultaneamente, são fixados rebites, ilhoses moldados, os bicos (calçados com couraça), presilhas plásticas, que compõem o tênis e parte traseira do cabedal.

. Costurar adereços;

. Costurar a gáspea;

. Costurar o forro;

. Fechar o corte;

. Recortar o forro;

. Cortar fios;

. Pregar ilhoses;

. Passar atacadores.

ETAPA V – Setor de solagem – técnica strobell

Estando o cabedal pronto, é realizada a junção deste à palmilha, com um tipo de costura entrelaçada chamada strobell.

Strobell é um dos vários sistemas de montagem que podem ser usados na confecção de calçados, no qual uma palmilha é costurada no cabedal que, em seguida, é colocado na fôrma.

A montagem é a etapa em que o cabedal é colocado na fôrma com o objetivo de dar o formato desejado ao calçado. Esse processo de montagem é bastante utilizado na produção de calçados esportivos.

A união entre o cabedal e o solado (ou sola) normalmente é feita com o uso de adesivos e equipamentos específicos. O processo mais usado atualmente utiliza adesivo à base de poliuretano.

As duas partes a serem unidas (cabedal e solado) recebem uma fina camada de adesivo. Após a aplicação, é necessário um tempo de secagem (em média de 15 minutos, mas este tempo pode sofrer variações de acordo com a formulação do adesivo ou o fornecedor).

O passo seguinte é a reativação (aquecimento) dos filmes de adesivos das duas partes. O cabedal e o solado são aquecidos a uma temperatura média de 70 °C por aproximadamente 12 segundos, tempo que pode variar dependendo dos materiais utilizados durante o processo.

Em seguida, deve-se unir as duas partes e, imediatamente depois, prensar o calçado.

A prensagem tem como função aumentar o contato entre as duas camadas de adesivos.

O tempo e a pressão da prensagem variam de acordo com o tipo de material usado no cabedal e no solado.

Muitos materiais utilizados na confecção de calçados (tanto cabedal como sola), antes de receberem o adesivo de poliuretano, devem passar por uma preparação de superfície. Essa preparação é particular a cada tipo de material. Uma preparação mal realizada, com certeza, resultará em uma colagem insuficiente.

Esse processo garante maior flexibilidade ao calçado.

. Apontar a sola;

. Prensar a sola;

. Lixar para acertar a borda;

. Limpar com escova;

. Passar cola na borda;

. Apontar a vira;

. Prensar a vira;

. Lixar o bico;

. Limpar com escova lixadeira;

. Passar cola no bico;

. Apontar a biqueira;

. Prensar a biqueira.

ETAPA VI – Montagem

Após a costura da palmilha strobell, o cabedal é centrado e fixado à fôrma por meio de adesivos termoplásticos; o fechamento da gáspea[10] é feito por meio da máquina de montar bico, utilizando adesivos termoplásticos. Nesse momento, é colocada a biqueira de plástico ou aço.

. Pregar palmilha na fôrma;

. Passar cola na palmilha;

. Passar cola no corte;

. Colar entretela de reforço;

. Montar bico;

---

[10] Gáspea é a parte superior e dianteira do calçado, que cobre parcialmente o pé, e é cosida à parte posterior.

. Montar lado;

. Arrancar o grampo da palmilha;

. Lixar a montagem;

. Escovar a montagem máquina;

. Passar cola na montagem;

. Lixar a sola;

. Limpar a sola com escova;

. Remover o óleo da sola;

. Passar cola na sola;

. Limpar a vira;

. Remover o óleo da vira;

. Cortar a vira e a biqueira;

. Passar cola na vira e na biqueira.

ETAPA VII – Injeção do solado de poliuretano (PU)

Nessa etapa, ocorre uma importante diferenciação na produção. Os cabedais poderão receber dois tipos diferentes de solados de PU: mono ou bidensidade.

Solado de PU monodensidade

O solado é injetado diretamente no cabedal, sendo resultante da reação química de dois componentes líquidos: o poliol e o isocianato. A densidade do solado é única em toda a sua extensão.

Solado de PU bidensidade

Nesse processo, a injeção dos componentes químicos (poliol e isocianato) é realizada distintamente para sola e entressola, cada qual com densidades diferentes. Tem-se, então, o calçado com solado de PU bidensidade, com o exclusivo sistema *shock absorber*, que amortece os impactos ao caminhar e reduz sensivelmente a fadiga muscular, proporcionando excelente conforto ao usuário.

. A matriz de injeção é colocada na injetora;

. A matéria-prima é aquecida a uma temperatura próxima a 120 graus;

. A matéria-prima é, então, conduzida automaticamente pela máquina até uma câmara;

. A máquina tem um ciclo automático de abrir e fechar as partes da matriz;

. A cada ciclo é injetado um número de peças, correspondente ao número de cavidades existente na matriz.

ETAPA VIII – Acabamento, verificação da qualidade e embalagem

Durante essa etapa os calçados são acabados e são submetidos à inspeção final do controle da qualidade. Após a aprovação, os calçados são liberados para embalagem e expedição.

. Desenformar;

. Escovar o tênis;

. Colocar cadarços;

. Colocar amortecedores;

. Colocar bolsa de ar;

. Colocar a palmilha de forro;

. Colocar na caixa;

. Embalar para expedição.

TIPOLÓGICOS FORMAIS

TIPOLOGIA FORMAL

O design do tênis Nike Shox COG iD Men's tem diversos elementos geométricos que são gradativamente deformados para obter formas mais elaboradas e sofisticadas.

Tais elementos são analisados separadamente antes de integrar a composição final do produto. O todo se insere numa caixa retangular. Quando visto por esses ângulos, o tênis está inserido em uma forma retangular.

Figura 15 e 16 – Nestas imagens, podemos verificar que o tênis está inserido em uma forma retangular.

Por este outro ângulo, ele continua inserido em um forma retangular, porém tridimensional: o paralelepípedo, pois está em perspectiva.

Figura 17 - Nesta imagem, temos o tênis em um paralelepípedo.

A forma básica vai se alterando pelos arredondamentos nas extremidades. O tênis está "suspenso", na altura do calcanhar por molas, de formato cilíndrico. São quatro cilindros inteiros e mais dois que se « fundem » ao solado. Os cilindros da mola se afundam no box, deixando à mostra somente quatro unidades e o prolongamento das outras duas. As molas à mostra são propositais, pois são elementos representativos do conceito do produto, signo do diferencial do tênis: excelente desempenho na absorção de impactos e impulsão.

O solado também é um paralelepípedo deformado tanto nas bordas, quanto na seção transversal.

TIPOLOGIA DE USO E ASPECTOS ERGONÔMICOS

O arredondamento verificado nas extremidades da forma confere ao tênis uma melhor adaptação ergonômica ao pé humano, tenha ele a característica que tiver: pronador, supinador etc. As diferenças na pisada não são anormalidades, mas sim, particularidades, próprias das diferenças humanas.

Um pé pronador desgasta o interior do salto e do dedo do pé, e a sapata quebra sobre ao interior. O supinador desgasta a parte externa da sapata, do salto para baixo dos dedos do pé. Já o pé de Morton desgasta a sapata na parte externa do salto e da entressola, e, então, de forma reta, através da sola ao interior do dedo maior do pé.

O tênis em questão apresenta um formato semicurvo, baseado nos preceitos de melhor adequação entre usuário-produto. Ou seja, a tipologia ergonômica se baseia ainda nos aspectos da anatomia humana: o design do tênis não é puramente um exercício de expressão formal estética, ao contrário, considera o funcionamento da musculatura, dos nervos e dos ossos do corpo: a maneira como são solicitados e como respondem a esses esforços.

O estudo da morfologia e da composição óssea e muscular permite a compreensão da biônica e do funcionamento do pé e, portanto, dos requisitos do produto. O projeto desse produto visa, por meio da tipologia ergonômica, considerar todas as interatividades possíveis do tênis com o usuário. Para tal, utiliza-se da exploração dos aspectos morfológicos e geométricos de maneira a permitir que o desempenho do produto atenda à diversidade dos usuários, respeitando sua singularidade e permitindo a melhor adaptação possível com a finalidade de otimizar o desempenho do atleta.

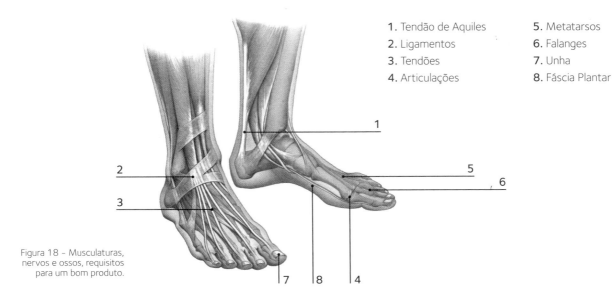

1. Tendão de Aquiles
2. Ligamentos
3. Tendões
4. Articulações
5. Metatarsos
6. Falanges
7. Unha
8. Fáscia Plantar

Figura 18 - Musculaturas, nervos e ossos, requisitos para um bom produto.

CONSIDERAÇÕES FINAIS

Diante do exposto, pode-se perceber que é cada vez mais difícil fazer previsões sobre o sucesso de um produto ou mesmo de uma empresa no âmbito mercadológico, tendo em vista as aceleradas mudanças de cenários provocadas pela rápida evolução tecnológica.

Para minimizar os possíveis erros no processo de desenvolvimento, produção e comercialização de um novo produto é necessária a utilização de novos padrões metodológicos que não ignorem os sinais de comportamento, consumo e estilo de vida dos usuários globais. Isso traz a aplicação do metaprojeto como uma excelente ferramenta de controle dos diversos fatores envolvidos no projeto.

A Nike é extremamente competente nessa expertise, o que nos força a questionar como uma empresa, tão visionária até hoje, não adotou requisitos de sustentabilidade como parte realmente importante de sua filosofia.

Cabe aqui uma reflexão sobre os novos rumos de desenvolvimento de produtos nas grandes corporações, pois tudo indica que, em breve, não haverá espaço no cenário global para empresas que negligenciarem qualquer item, por mais irrelevante que pareça a seus executivos. Os consumidores estão atentos e têm se mostrado cada vez mais exigentes com relação ao que consomem.

Em APL moveleiro

No ano de 2004, fui convidado pela diretoria do Sebrae-MG para conceber e coordenar o Planejamento Estratégico Mercado e Imagem (Marketing Territorial) do Arranjo Produtivo Moveleiro de Ubá. Um polo moveleiro que se encontrava entre os mais importantes do País, mas que não tinha ainda seu reconhecimento como tal. A ação Planejamento Estratégico Mercado e Imagem para o APL–Ubá se fazia, portanto, necessária e contou com a participação de diversos outros *stakeholders* e colaboradores, como a Federação das Indústrias do Estado de Minas Gerais – FIEMG, do Instituto Euvaldo Lodi – IEL, do Sindicato Intermunicipal das Indústrias de Marcenaria de Ubá – Intersind, além do apoio do Sebrae-NA e do Ministério do Desenvolvimento, Indústria e Comercio Exterior – MDIC. Dentre as várias ações nacionais, estaduais e locais empreendidas em concomitância no Polo Moveleiro de Ubá, existe um grupo de trabalho denominado Grupo Temático Mercado e Imagem, cujo objetivo é a busca da melhoria da imagem do APL–Ubá no cenário nacional, bem como a sua inserção entre os exportadores de mobiliário em nível internacional. Apesar dos esforços já empreendidos por esse grupo, e que em muito contribuem para a melhoria e reconhecimento de Ubá como centro moveleiro, muito ainda tem de ser feito e sistematizado, uma vez que o processo de globalização avança a passos largos e a concorrência deixa o âmbito regional, passando para o nível internacional.

Nós já tínhamos percebido, por meio de outras ações com o Polo Moveleiro de Ubá, que esse centro produtivo apresenta um grande domínio tecnológico e fabril na produção de mobiliário, mas tem ainda muito que evoluir em importantes segmentos como: design, comunicação, distribuição, imagem e marketing. Essa necessidade se faz visível pelo fato do APL–Ubá não ser um *cluster* homogêneo no que tange à produção de mobiliário e também não se apresentar com nichos de mercado claramente definidos. Ao contrário, o APL de Ubá se posiciona de forma reconhecidamente heterogênea por intermédio de uma variável gama de produtos, e atua em diversos segmentos dentro da escala mercadológica. Isso, naturalmente, dificulta a concepção de um plano estratégico de forma rígida e inflexível, cabendo, ao contrário, a aplicação de um plano modular contendo uma visão sistêmica, dinâmica e flexível.

Foi justamente nesse cenário que vimos a possibilidade de aplicar o modelo metaprojetual, desta vez não de forma corretiva, crítica e analítica como visto nas demais aplicações anteriores, mas buscando construir o marketing territorial do APL de Ubá por meio do metaprojeto, um projeto para que o Polo Moveleiro de Ubá possa ter uma visão e um concept mercadológico determinado. Além disso, que possa definir uma missão e uma identidade para o APL moveleiro, bem como traçar objetivos e metas estratégicas a serem seguidas em períodos distintos que foram divididos em curto, médio e longo prazos. Tudo isso em busca de inserir, consolidar e prospectar novas possibilidades produtivas e mercadológicas para o APL moveleiro de Ubá e Região. Este trabalho, pelo fato de abranger um território e não um produto específico, exigiu de todos os atores envolvidos uma dedicação de aproximadamente 400 horas de trabalho, divididas entre workshops com os empresários, encontros temáticos com os técnicos do Sebrae, do Sistema FIEMG e do IEL, além de reuniões com institutos de pesquisa e agências de publicidade envolvidas com a ação. Tudo isso, em busca de conter possíveis erros no plano estratégico e estimular os *stakeholders* que seriam responsáveis pela implementação das ações e metas ao longo dos tempos.

Temos a convicção de que o APL moveleiro de Ubá amadureceu, em muito, com este trabalho. Mas apontamos, principalmente, para o fato de o APL–Ubá contar hoje com um Planejamento Estratégico Mercado e Imagem (Marketing Territorial) bastante avançado, concebido com instrumentos que fizeram com que este plano se apresente como de caráter atemporal.

PLANEJAMENTO ESTRATÉGICO, MERCADO E IMAGEM
(MARKETING TERRITORIAL)

Arranjo Produtivo Moveleiro de Ubá

EQUIPE
Dijon De Moraes: Metodologia e Coordenação do Plano Estratégico
Araquén Belo . Dijon De Moraes: Design Gráfico

REALIZAÇÃO
SEBRAE-MG . FIEMG . IEL . INTERSIND

INTRODUÇÃO

MAIS PRÓXIMO DO CLIENTE

Luiz Carlos Dias Oliveira
Presidente do Conselho Deliberativo do Sebrae-MG / Gestão 2003-2006

No mundo dos negócios, comunicar diferenciais é tão importante quanto persegui-los. Da mesma forma, tornar conhecidos os esforços e resultados de melhoria é tão relevante quanto a mobilização em torno de objetivos comuns. Os empresários do Arranjo Produtivo Moveleiro (APL) de Ubá e região transformaram essas necessidades no presente Planejamento Estratégico de Marketing.

A ação, que contribui para o salto competitivo do APL, é resultado de um trabalho intenso de empresários locais, profissionais do Sebrae Minas e das instituições parceiras do programa de desenvolvimento do APL moveleiro de Ubá e região. Muito além de definir peças de sinalização, comunicação visual e eletrônica, campanhas publicitárias e outros recursos de comunicação, este plano de marketing abre as portas do APL de Ubá, mostrando para Minas Gerais, o Brasil e o mundo o design diferenciado e a qualidade dos móveis produzidos na região.

Este planejamento também reforça os meios de interação das empresas com os diversos públicos do APL. Estabelece canais de comunicação e relacionamento, iniciativa indispensável em uma sociedade marcada pelo grande volume e pela rapidez no fluxo de informações. Amplia o leque de possibilidades de acesso dos clientes às empresas, facilita o entendimento de suas necessidades e desejos e agiliza a tomada de decisões sobre os rumos do negócio. É o APL moveleiro de Ubá e região, mais que nunca, voltado para o mercado.

É importante lembrar que o marketing ocupa lugar de relevância crescente no contexto gerencial das modernas organizações. Sendo assim, acreditamos que este planejamento em muito contribuirá para o posicionamento estratégico do APL de Ubá, ampliando as oportunidades de negócios para os empresários da região e impulsionando a economia local.

FRUTO DA COOPERAÇÃO

Luiz Márcio Haddad Pereira dos Santos
Diretor de Administração e Desenvolvimento do Sebrae-MG

Acompanhar o ritmo dos avanços tecnológicos em processos e produtos é um desafio para empreendimentos de qualquer setor ou porte. Ser competitivo depende, em grande medida, dessa capacidade de adaptação às mudanças e do grau de inovação das empresas. Para incorporar esse diferencial aos negócios, é indispensável que o setor produtivo busque parcerias com instituições que o aproximem do conhecimento técnico disponível no mercado.

É papel do Sebrae contribuir para a profissionalização e a melhoria da gestão dos pequenos negócios. E esse ganho de competitividade começa pelo entendimento de que, sozinhas, as micro e pequenas empresas não conseguem evoluir ou sequer permanecer no mercado.

A cooperação é o primeiro passo para adquirir fôlego produtivo e ampliar as oportunidades comerciais. É essa ação que tem se mostrado salutar e eficaz no desenvolvimento do Arranjo Produtivo Moveleiro (APL) de Ubá. A interação e a integração entre as empresas locais vêm impulsionando resultados positivos sistemáticos, retrato de uma relação de concorrência madura e saudável.

Trabalhar o marketing do APL de Ubá foi uma das prioridades apontadas pelo grupo de empresários que discute os rumos do setor na região. Uma ação estratégica que demandou vários encontros e debates. O resultado está compilado neste planejamento, que prevê ações a curto, médio e longo prazos para fortalecer a imagem deste que é o maior polo produtivo de móveis do estado.

Esperamos que essa mesma convergência de esforços continue a balizar os trabalhos de fortalecimento do APL de Ubá, propiciando sua ascensão no mercado interno e externo. Estamos certos de que a flexibilidade e a garra que caracterizam os empreendedores darão o tom nesse caminho que leva ao desenvolvimento sustentável do setor moveleiro e à prosperidade econômica e social de Ubá e região.

EXPRESSÃO DE UM NOVO TEMPO

Rui Xavier Pinto Neto
Projeto APL-Ubá

Maria José D'Alessandro
Gerente de Comunicação do Sebrae-MG

Eliane Rosignoli
Microrregião de Ubá

O Arranjo Produtivo Moveleiro (APL) de Ubá está alçando voos mais ousados. Busca novos mercados e utiliza as estratégias de marketing para disseminar seu diferencial e expandir fronteiras. Ao lançar mão deste instrumento mercadológico, o APL de Ubá dá um passo decisivo para destacar Minas Gerais como importante polo moveleiro do País, com capacidade de competir em nível internacional.

É prazeroso participar da história de construção e alavancagem desse setor que ajuda Minas a sair do silêncio. Ao dar visibilidade aos móveis produzidos no APL de Ubá, este planejamento mostra ao Brasil e ao mundo o resultado de um trabalho que mescla profissionalismo, qualidade e objetivos comuns. É essa união de propósitos, inclusive, que torna possível este projeto de comunicação e marketing, fundamental para atingir os resultados de melhoria e crescimento almejados pelos empresários da região.

As ações previstas neste planejamento aproximam as empresas do APL de Ubá do mercado consumidor. E isso contribui para quebrar o mito de que o mineiro é retraído, calado. Ao contrário, é cauteloso: sabe calar quando é preciso e falar com propriedade quando é oportuno fazê-lo.

E oportunidade é sinônimo do cenário que se vislumbra para o APL de Ubá. Um exemplo bem-sucedido de que organização, trabalho em parceria e planejamento são ingredientes indispensáveis para alcançar a excelência. E chegar a esse estágio de maturidade nos negócios produz benefícios para toda a sociedade. Gera impactos positivos para os empresários que, ao somarem forças, adquirem maior capacidade competitiva. Reflete-se em oportunidades de desenvolvimento socioeconômico, uma vez que, ao produzir e vender mais, as empresas ampliam postos de trabalho e geram receita para os cofres públicos. Isso significa mais investimentos em infraestrutura e melhores condições de vida para a população local.

Por tudo isso, é um privilégio e uma honra para o Sebrae Minas participar da construção deste Plano de Marketing do Polo Moveleiro de Ubá. Um trabalho contínuo que contribuirá, dia a dia, para o constante avanço do APL. E mais: ajudará a mostrar ao mundo produtos que têm a cara mineira: a expressão de um povo que tem orgulho de sua história e busca a qualidade em tudo o que faz.

CONSTRUINDO UMA IMAGEM

Rogério Gazzola
Presidente do Intersind

Fernando Flores
Coordenador do Grupo Temático Mercado e Imagem

Estamos avançando no cenário nacional a uma velocidade impressionante. Nosso trabalho começou há mais de seis anos, quando a divulgação institucional pelo Brasil afora nos deu visibilidade para começarmos a articular um projeto que conseguisse unir mais de duas dezenas de entidades dispostas a trabalhar em benefício de um determinado setor.

Criado o Fórum de Desenvolvimento, então iniciamos um processo de diagnóstico e, logo em seguida, o planejamento estratégico de todo o setor. Tudo que o arranjo produtivo tinha de oportunidades de crescimento já estava em documento único e com as suas linhas e ação bem desenhadas.

A organização e a sincronização das mais de 20 entidades integrantes do Fórum requerem muita maestria, mas os resultados são visíveis e compensadores. Desde as áreas de tecnologia, gestão, recursos humanos, finanças, finalizando no grupo Mercado e Imagem, que é o tema principal deste pronunciamento de agora.

Dentro do nosso planejamento para o Grupo Temático Mercado e Imagem, que está sendo elaborado há quase dois anos, estão as diversas ações estratégicas que farão com que nos tornemos cada vez mais conhecidos em todo o País. Uma imagem forte que tem o objetivo audacioso de ampliar nosso mercado e firmar, definitivamente, o primeiro Polo Moveleiro de Minas como um arranjo produtivo modelo para o resto do Brasil.

A marca 'Ubá: Móveis de Minas' tem, entre tantos outros, o objetivo de amparar e dar sustentação às estratégias individuais de cada empresa moveleira de Ubá e Região. Podemos dizer que seremos a base sólida que vai oferecer credibilidade para os móveis fabricados em nossa região.

Temos a consciência de que estamos ainda no meio do caminho. Mas, no mundo dos negócios o caminho nunca termina. Sempre teremos novas ideias, novos motivos e novas possibilidades para crescer e desenvolver os nossos negócios. Portanto, a superação é o fator que vai determinar quem chega à frente ou atrás.

METODOLOGIA E GESTÃO

Dijon De Moraes
Coordenador do Planejamento Estratégico

A metodologia empregada para o desenvolvimento do Planejamento Estratégico, Mercado e Imagem (Marketing Territorial) para o APL–Ubá, consistiu na aplicação do metaprojeto por meio da realização de uma série de seminários e workshops, divididos em três fases de trabalho e estudos, que interagiram de forma sequencial, conectiva e circundante a saber:

A primeira fase se constituiu da montagem do work plan e na realização periódica de seminários e workshops nas cidades de Ubá e Belo Horizonte. Nessa oportunidade, os membros participantes do Grupo Temático Mercado e Imagem (composto por representantes do Sebrae-MG, pelo Sindicato Intermunicipal das Indústrias de Marcenaria de Ubá e Região – Intersind e pelo Sistema FIEMG/IEL) tiveram, por parte da consultoria gestora do plano, o repasse de conhecimentos de base, por meio de treinamento sobre: cenário, marketing, território, valorização local, identidade, missão, posicionamento e planejamento estratégico, segmentação de mercado e realidade mercadológica do setor moveleiro no Brasil e no exterior.

Durante os encontros de trabalho, eram estimuladas respostas às questões abertas, pertinentes ao APL e ao planejamento estratégico em construção, como: reconhecimento de uma identidade para o Polo Moveleiro de Ubá, sua missão, seu posicionamento estratégico alvo e, ainda, propostas iniciais de ações que viriam posteriormente compor o planejamento estratégico definitivo.

A segunda fase proporcionou, por meio de encontros periódicos entre os atores participantes dos trabalhos em Ubá e Belo Horizonte, uma série de conteúdos, fruto de estudos e debates realizados por parte da equipe e a coordenação. Esses resultados foram postos em debate, entre os membros participantes, e também para os demais *stakeholders* envolvidos. Os resultados obtidos e as ações indicadas nessa fase foram confrontados com os resultados da pesquisa de mercado sobre o Polo Moveleiro de Ubá, encomendada pelo Sistema FIEMG/IEL, na qual se buscou averiguar a legitimidade das ações propostas e o acréscimo de possíveis ações, fruto da análise da referida pesquisa, e de indicações da equipe envolvida com o projeto.

Outras recomendações foram consideradas no planejamento estratégico, advindas do profícuo debate entre os técnicos dos organismos envolvidos e os membros componentes do Grupo Temático Mercado e Imagem. Informações foram também absorvidas e adicionadas, por ocasião das apresentações do trabalho, ainda em fase de conclusão, para a direção do Sebrae-MG em Belo Horizonte e para os representantes da classe empresarial em Ubá, interlocução essa realizada pelo Intersind.

Essa metodologia de caráter metaprojetual, adotada para o desenvolvimento do planejamento estratégico, legitima o seu caráter de recíproca colaboração entre os parceiros e a equipe permanente do Grupo Temático Mercado e Imagem ao longo do percurso de trabalho.

A terceira fase consistiu na compilação e montagem final das ações estratégicas, após aprovação do plano por parte do Grupo Mercado e Imagem. A conclusão do trabalho contempla exemplos elucidativos e ilustrativos *(concept)*, buscando melhor entendimento do grupo de trabalho e da agência credenciada, para realizar a fase operativa de execução e implementação das ações propostas.

O trabalho conclusivo do Planejamento Estratégico Mercado e Imagem (Marketing Territorial) do Polo Moveleiro de Ubá foi dividido em três partes distintas e específicas que, por fim, se completam:

. Marketing do Polo Moveleiro em nível macro, abordando a imagem institucional do APL como um todo;

. Marketing direto em nível micro, comunicação dirigida, com ações específicas a segmentos e públicos-alvos determinados;

. Endomarketing em nível pontual como comunicação interna, com ações direcionadas para dentro do Polo Moveleiro, Ubá e região.

Buscando conceber com maior embasamento técnico e teórico o trabalho de preparação e concepção do Planejamento Estratégico Mercado e Imagem (Marketing Territorial) do Polo Moveleiro de Ubá, uma vasta bibliografia do segmento estratégico e mercadológico norteou e serviu de referência para a consultoria e a coordenação gestora dos trabalhos, durante os seminários e workshops em Ubá e Belo Horizonte, até o transcurso e a feitura definitiva dos textos do manual que nortearia a efetivação das ações.

O manual teve, como finalidade principal, o entendimento do trajeto realizado pela equipe de trabalho, o conhecimento dos fundamentos de base considerados e, por fim, o objetivo de demonstrar as linhas guias e os modelos indicativos para a execução das ações do plano.

O âmbito de trabalho do projeto ora apresentado consistiu na concepção, desenvolvimento e determinação de Ações Estratégicas de Comunicação, Promoção e Marketing, em busca de favorecer o Polo Moveleiro de Ubá, por meio da sua expansão mercadológica e melhoria da sua imagem institucional, como reconhecível produtor de artefatos industriais em nível nacional. Objetivou, de igual forma, proporcionar o posicionamento do Polo como território (APL) de destaque dentro da produção de mobiliário no País, salientando os diferenciais que o promovam e o distingam da concorrência, dentro do universo produtivo de mobiliário em larga escala industrial.

A gestão dos trabalhos teve, ainda, como missão, capacitar as lideranças do Polo Moveleiro de Ubá e região para a construção participativa e desenvolvimento conjunto das ações do Plano Estratégico Mercado e Imagem (Marketing Territorial), cuja finalidade foi o compartilhamento das técnicas e transferência dos conhecimentos, de forma coligada e proativa, prevendo, por fim, a evolução sustentável do planejamento estratégico e a inserção de ações futuras, durante o seu percurso evolutivo. Desse modo, buscou acompanhar a sua dinâmica e o seu progresso intrínseco, de forma a orientar o contínuo aperfeiçoamento que certamente tende, finalmente, a se configurar.

As ações e os objetivos presentes nesse planejamento estratégico foram desenvolvidos de forma participativa, como determina o conceito inerente a um *cluster*. Assim, atores provenientes de diferentes setores de apoio e promoção da indústria do Estado de Minas Gerais, como o Sebrae, o Sistema FIEMG-IEL e o Intersind, dispuseram suas energias em prol de um esforço em comum: compor o Grupo Temático Mercado e Imagem, responsável, juntamente com coordenação gestora, pela conceituação e implementação das ações que compõem o Plano Estratégico Mercado e Imagem (Marketing Territorial) do Polo Moveleiro do Arranjo Produtivo de Ubá.

Com o desenvolvimento desse plano, teve-se, de igual forma, a expectativa de que ele vai proporcionar, a cada empresa produtora do Arranjo Produtivo de Ubá e região, um verdadeiro reconhecimento de identidade e missão empresarial do polo moveleiro local, fator este que desponta como de real importância dentro do tríplice aspecto: conhecer para aprender e aprender para projetar.

O APL–UBÁ: CONTEXTO E REALIDADE

Como indicado no plano de ações do projeto "Arranjo Produtivo Moveleiro de Ubá", do Sebrae–MG/MR UBÁ, em parceria com o Intersind – com o Sistema FIEMG e com o Instituto Euvaldo Lodi–IEL –, destaca-se, dentre outras iniciativas, um Plano Estratégico Mercadológico (Marketing), cuja finalidade é fortalecer a imagem e legitimar a região da Zona da Mata e Ubá, como centro de excelência, na produção de mobiliário no cenário nacional.

É reconhecido que um desafio de tal ordem assume novas proporções, quando se considera o estado da arte dos arranjos produtivos locais brasileiros (APLs), ainda em fase de consistência e maturação. Dentre esses, destaca-se o Polo Moveleiro de Ubá, candidato a consolidar-se como um *cluster* no sentido mais amplo e abrangente do termo. Isto é, visando a colaboração de forma associada e participativa entre seus fabricantes, fornecedores e demais atores envolvidos no território produtivo industrial local, onde a proximidade física proporciona de forma articulada, uma interação em busca de resolução de problemas e desafios comuns. Considera-se também de caráter complexo a realidade mercadológica atual, em que predomina um constante e contínuo processo de mutação do cenário, proporcionado, entre outros fatores, pelo fenômeno da globalização.

O processo de globalização mundial colocou frente a frente concorrentes e consumidores que até pouco tempo atrás não se comunicavam e que nem mesmo sabiam da existência um do outro. Necessário se faz, portanto, que os membros componentes dos APLs produtivos como o Polo Moveleiro de Ubá se organizem e integrem-se para que, em forma de força conjunta associada, atuem de maneira uníssona em busca de ganho mercadológico, obtenção de reconhecimento dos representantes, lojistas e consumidores já consolidados e, em uma etapa ainda mais desafiadora, na promoção das vendas para nichos de mercado que ainda não foram conquistados, apontando inclusive, para a exportação junto ao mercado global.

É sabido que, na rede de valor, são consideradas todas as fases da atividade industrial (no sentido mais amplo possível). Inicia-se com a aquisição dos insumos de base, passa-se pela produção, pelas estratégias de comercialização e marketing, considera-se o consumidor final, indo até a reciclagem e o cuidado com o impacto ambiental causado pelo ciclo de vida final do produto. Dentro desse quadro, uma das etapas mais importantes da cadeia produtiva diz respeito à conquista de mercado, à comercialização do produto final e à consolidação de parceiros (elos da corrente mercadológica na constelação de valor), como representantes comerciais, distribuidores e lojistas.

Esse enfoque, no qual se tem como base o sistema design: o produto, a comunicação, o serviço e o marketing, fez de um país como a Itália o primeiro país exportador mundial de mobiliário (seguido da Alemanha, do Canadá, dos Estados Unidos e da China). Isso apesar de a Itália ocupar o quarto lugar no *ranking* mundial na produção de móveis, sendo precedida por Estados Unidos, Alemanha e França.

Este é, justamente, o foco principal e o desafio desse planejamento estratégico para o APL de Ubá: proporcionar, por meio de ações estratégicas, o aumento de sua competitividade e o ganho de espaço mercadológico no nível mais ampliado possível, sabendo que

> [...] as cerca de 350 empresas que compõem o APL escoam sua produção de mobiliário de maneira acentuadamente local e inter-regional, com destaque para o mercado consumidor de Minas Gerais e do Rio de Janeiro, isto é, dentro do próprio território, e da primeira região limítrofe.[1]

Com uma produção de artefatos que se apresentam de forma diversificada, no âmbito de mobiliário doméstico, em sua maioria sendo constituído por micro e pequenas empresas, o APL de Ubá tem uma produção na qual se destacam linhas de camas, guarda-roupas, salas de jantar, estofados, cômodas e criados. O Polo Moveleiro de Ubá, em menos de três décadas, se tornou o maior produtor de mobiliário de Minas Gerais e um dos seis maiores do País. "Tem como concorrentes outros reconhecidos polos moveleiros nacionais, como os da Grande São Paulo, Votuporanga e Mirassol (SP), Caxias do Sul e Bento Gonçalves (RS), São Bento do Sul (SC) e Arapongas (PR)."[2]

---

[1] Ver: IEL/MG – Getec (Gerência de Estudos e Projetos Tecnológicos) Gerente: Heloisa Regina Guimarães de Menezes (org.). *Diagnóstico do polo moveleiro de Ubá e região*. Belo Horizonte: Sistema FIEMG/IEL-MG/Intersind/Sebrae-MG, 2003. p. 30.
[2] Idem p. 37.

No tocante à exportação de mobiliário, a região de Ubá, mesmo que tenha aumentado recentemente a sua cota de participação (em que destaca o consórcio Movexport), encontra-se ainda distante de tradicionais polos moveleiros exportadores, como os do Rio Grande do Sul e Santa Catarina, os primeiros colocados no ranking nacional.

Quando a análise se dirige ao aspecto número de empregos gerados, o polo de Ubá apresenta-se responsável, em Minas Gerais, por cerca de 50% do emprego da mão de obra no setor (superando Belo Horizonte). Com aproximadamente 8 mil empregos diretos gerados, o APL de Ubá destaca-se, ainda nesse item, entre os quatro primeiros colocados, em nível nacional.

Esses dados supra apresentados fizeram da região de Ubá na Zona da Mata mineira um centro de destaque na produção e comercialização de mobiliário doméstico, bem como uma referência na geração de empregos no setor moveleiro regional. Mas também é verdade que a participação do APL no PIB mineiro continua sendo discreta ao manter baixa margem de lucro nos seus artefatos industriais.

Essa realidade é fruto de produtos com baixo valor agregado (design), pouco valor percebido (significância) e frágil reconhecimento da marca no mercado (identidade e marketing). Por isso, faz-se necessária uma força conjunta, com vetores estratégicos para a inversão do estado da arte atual e a promoção futura do APL de Ubá como produtor de mobiliário, como destaque no cenário nacional. Isso somente será possível ao serem salientados os "pontos positivos existentes (preço e posição geográfica favorável) e a superação dos pontos negativos; dentre estes, a logística e entrega dos produtos oriundos da região."[3]

Tem-se, assim, como premissa que um Plano Estratégico de Mercado e Imagem (Marketing Territorial), com o perfil e características acima expostas, deve ser apontado para o futuro (onde queremos chegar), no entanto, deve se considerada a realidade do presente como referência, para delimitar os erros (onde estamos), e as lições do passado, como fonte de aprendizado (de onde partimos). Assim, poder-se-ão prospectar novos horizontes e novos objetivos mercadológicos para o polo moveleiro, redobrando a atenção para não proporcionar retrocessos aos avanços que, de maneira estoica, foram conquistados pelos empreendedores do APL de Ubá e região.

Por meio de ações estratégicas, tem-se a expectativa de colaborar para a passagem do APL–Ubá, o primeiro polo moveleiro de Minas Gerais, à condição de referência nacional no segmento de mobiliário, no que tange à produção, à qualidade, à comercialização, à consciência ecológica e, ainda, como agente de inclusão social, pela geração de novos postos de trabalhos e como alavanca de crescimento e geração de renda para a região e o Estado de Minas Gerais.

---

[3] CREARE. *Pesquisa de mercado: arranjo produtivo de móveis*, Ubá/MG. Relatório Analítico. Belo Horizonte: Creare, 2004.

WORK PLAN, SEMINÁRIOS E WORKSHOPS

CENÁRIO

Conhecendo a realidade do mercado

O cenário, na verdade, é uma fotografia da realidade. Porém, na atualidade promover a sua decodificação tornou-se um grande desafio em virtude do forte dinamismo, das distintas demandas e das necessidades e expectativas diversas existentes simultaneamente. Toda essa realidade se deve à drástica mudança de cenário que, de estático, passou a ser imprevisível e repleto de códigos, isto é, de difícil compreensão.

A comunicação que hoje é global, graças às novas tecnologias como a Internet, abreviou o tempo de vida das ideias (marketing, design, comunicação, promoção). As mudanças hoje se apresentam muito mais rápidas que, muitas vezes, a nossa capacidade de registrá-las. O tempo de metabolização das informações também foi drasticamente reduzido e institui-se, portanto, uma nova ordem mundial. Isso contribuiu, em muito, para a instituição do cenário dinâmico.

Tudo isso, em parte, justifica a "crise do marketing" nos moldes tradicionalmente conhecidos, pois o marketing era baseado em fórmulas e parâmetros exatos, dentro de um cenário reconhecidamente estático.

Diante da constante mudança de cenário, surgiu na Europa a busca por outras alternativas e estratégicas que trouxessem novos modelos competitivos e que interpretassem as nuanças mercadológicas. O marketing convencional continua a ser considerado, no entanto, novas disciplinas de apoio foram inseridas:

. Metamarketing;
. Design management;
. Design estratégico;
. Sistema produto/design;
. Metaprojeto.

Dentre essas disciplinas, o design estratégico, o sistema produto/design e o metaprojeto foram os modelos mais utilizados para o norteamento deste trabalho de concepção do planejamento estratégico mercado e imagem do Polo Moveleiro de Ubá.

O design estratégico é uma combinação entre design e estratégia, que alia visão e inovação em busca da formulação das devidas soluções. Trata-se de uma visão inovadora em que se percebe o processo de design como estratégico para o desenvolvimento das empresas e para a sustentabilidade socioambiental.

O design estratégico é interpretado como um conjunto integrado de produtos, experiências, serviços e estratégias de comunicação que uma organização utiliza e desenvolve em busca dos resultados diferenciados almejados.

O Sistema Produto ou Sistema Design, como sustentam alguns autores, caracteriza-se pela inter-relação recorrente entre empresa, mercado, produto, consumo e cultura (esses elementos, por vez, agem de forma interdependente no seu contexto ambiental). Na aplicação do sistema produto, apresentam-se tensões contraditórias e imprevisíveis que, por meio de bruscas transformações, impõem contínuas adaptações e reorganização ao sistema, no nível de produção, de vendas, do consumo e da reciclagem, seguindo, porém, uma lógica estratégica própria.

O metaprojeto, por sua vez, considera o cenário e o território, fluidos e dinâmicos, em que atua uma pluralidade de atores sociais com diferentes e mutáveis papéis. Essa disciplina apresenta a superação da autonomia das atividades únicas e isoladas, dentro de um cenário reconhecido como dinâmico, complexo e global e, ao contrário de outras disciplinas, o metaprojeto procede segundo uma práxis inter e transdiciplinar que contempla a multidimensionalidade dos objetivos a serem concebidos. O metaprojeto, como uma abordagem transversal que pesquisa, interpreta e produz novos significados, metabolizando diferentes saberes e conhecimentos, considera o território, o ambiente, a empresa, o mercado, o consumo e a própria cultura como elementos de decodificação do cenário.

O próprio Levitt, teórico entre os mais reconhecidos do marketing, propõe "um fundamento da sua elaboração, o conceito de 'produto total', como resultado do cruzamento de expectativas e propostas, dos aspectos tangíveis e intangíveis, de cuja realização o consumidor participa diretamente".[4] De igual forma, recorda-nos Bergonzi: "inclinar-se hoje às direções indicadas pelo consumidor é uma lógica do veterano marketing que, às vezes, guia à involução do produto. Saber colher pontos preciosos nas suas palavras é uma outra coisa".[5] Dessa forma, os produtos, mesmo sendo fruto da cultura material, apresentam-se ainda com visibilidades não tangíveis, em que os valores se misturam e dão origem a resultados híbridos que devem ainda atender a uma ordem tipológica para sua comunicação e uso.

Tudo isso nos legitima a propor, de forma consciente, mas avançada, as ações estratégicas que se fazem necessárias para o reconhecimento do Polo Moveleiro de Ubá, como um centro de destaque na produção de mobiliário no cenário nacional. As ações devem ser condizentes com a realidade e estágio em que se encontra o APL–Ubá (não transferindo métodos e modelos de outros locais como soluções possíveis), mas prospectando seu crescimento, sua missão como agente social como empregador e pertencente ao ainda seleto clube dos produtores industriais ecorresponsáveis.

Um esforço inteligente e comum na interpretação das disciplinas, hoje reconhecidas como estratégicas, pode nos proporcionar um caminho inovador na busca pela instituição de

---

[4] LEVITT, Theodore. *Marketing imagination*. Milano: Sperling & Kupfer Editori,1990. p.4.
[5] BERGONZI, Francesco. *Il design e il destino del mondo: il prodotto filosofale*. Milano: Ed. Dunod, 2002. p. 219.

diferenciais que promovam os nossos objetivos. Nesse sentido, buscamos fazer, de forma sólida e autossustentável, a promoção do Polo Moveleiro de Ubá e região à condição de referência nacional como produtor de mobiliário, dentro do seu âmbito mercadológico e posicionamento estratégico, com destaque para a qualidade, diferencial de design e possibilidade de pronto atendimento, devido ao seu privilegiado posicionamento geográfico no Brasil.

Dessa forma, o produto, o marketing, a comunicação, o serviço e o mercado passam a ser vistos (inclusive como adotado neste trabalho) não mais como elementos isolados, mas parte de um sistema complexo e circundante em que os componentes interagem entre si, de forma constante.

Toda essa nova forma de procedimento nos fez considerar globalmente o ciclo produto, comunicação e mercado (marketing), e suas derivantes, mesmo que, muitas vezes, de maneira estratégica, um dos pilares de sustentação do sistema marketing possa ser enfatizado em relação a outro. Esses pilares são heranças do marketing mix, conhecido como os 4P's: Produto, Preço, Ponto de Venda e Promoção.

. Produto

O produto é um dos principais elementos do marketing mix e, como fator de diferenciação no mercado, está confirmada sua importância estratégica e de sobrevivência da própria empresa, por meio da oferta de variedade, qualidade, design, embalagem, garantias e serviços.

. Preço

O preço, que antigamente era controlado pela área administrativa da empresa, tornou-se uma importante variável da função comercial. Hoje, o preço é definido conforme a situação competitiva do mercado. Também compõem o preço: o desconto, os subsídios, os termos de crédito e as formas de pagamento.

. Ponto de Venda

Por ponto de venda (distribuição) entende-se um conjunto de intermediações comerciais que permite a disponibilização do produto no mercado como: showroons, lojas, self-services, canais de vendas, transporte e localização.

. Promoção

Por promoção entende-se a atividade para tornar o produto conhecido, promover sua inserção e divulgação no mercado, por meio de publicidade, catálogos, participações em feiras, relações públicas, assessoria de imprensa e merchandising.

Obs.: Já se fala hoje também no quinto P que seria relativo a Pessoas (People), Recursos Humanos e à Gestão Pessoal.

Esse mix dos pilares de sustentação do modelo sistema produto norteou as diretrizes e bases para a elaboração do Planejamento Estratégico Mercado e Imagem do Polo Moveleiro de Ubá. Observa-se que todos os pilares foram, de alguma forma, contemplados nas ações estipuladas pelo grupo de trabalho, mesmo que alguns (devido ao respeito às vocações do APL) tenham sido, às vezes, mais considerados que outros.

Diante dessa realidade, torna-se oportuno fazer uma analogia entre o maior produtor mundial de mobiliário, os Estados Unidos, e o maior exportador mundial de mobiliário, a Itália. Ambos consideram os quatro pilares do marketing mix, mas respeitam suas vocações e acentuam suas habilidades em pilares específicos.

A Itália, por exemplo, que detém cerca de 60% do mercado mundial de exportação, direciona a sua estratégia de mercado acentuadamente para os pilares produto e a promoção, enquanto os Estados Unidos, o maior produtor (detendo cerca de 32% da produção mundial), direcionam de forma mais consistente para os pilares preço e ponto de venda. Tudo isso legitima e ilustra a vocação italiana, no segmento mobiliário, que a diferencia dos demais concorrentes pelo design (produto e marca) e do reconhecível *made in Italy* e do inconfundível *italian lifestyle* (conceito e promoção). Os Estados Unidos exploram a sua vocação comercial, por meio do *"self-service"* e *"do it yourself"* (preço e serviço) bem como do *"shopping center"* e *"showroom"* (ponto de venda e distribuição).

Resumo conceitual:

. Itália: **produto**, preço, ponto de venda e **promoção** (maior exportador de móveis);

. USA: produto, **preço**, **ponto de venda** e promoção (maior produtor de móveis).

Deve-se perceber que todas essas novas disciplinas emergentes, aliadas ao marketing, consideram o cenário em duas áreas distintas:

. Microambiente: aquele que pode ser controlado e gerido pela empresa como: fornecedores, lojistas, clientes e concorrência;

. Macroambiente: aquele que não pode ser controlado e gerido pela empresa como: fatores econômicos, fatores ambientais, fatores socioculturais e fatores legais/políticos.

Toda essa realidade mercadológica atual nos coloca diante de novos desafios e paradigmas a serem considerados, principalmente quando se elabora um Plano Estratégico de Mercado e Imagem (Marketing Territorial). Mas é necessário, de igual forma, antes mesmo da concepção do plano estratégico, definir a identidade, a missão e o posicionamento estratégico do Polo Moveleiro de Ubá.

A seguir, é apresentada uma série de exercícios que foram desenvolvidos pela consultoria gestora para a equipe do Grupo Temático Mercado e Imagem como parte dos workshops de preparação das lideranças locais, objetivando as suas atuações como facilitadores e membros participantes dos trabalhos de execução do planejamento estratégico do Polo.

IDENTIDADE

A identidade é obtida por meio de uma coerente integração entre produto, produção, vendas e comunicação. Esse conjunto de ações faz com que as empresas se destaquem (considerando, nesse caso, o APL–Ubá) passando de uma posição defensiva, para uma posição diferenciada, dentro de um mercado que demonstra estar saturado, imprevisível e globalizado.

Qual é a identidade do APL–Ubá?

Todos os participantes foram estimulados a refletir e determinar a possível identidade do Polo Moveleiro de Ubá, condizente com a sua realidade tecno-produtiva, e com os diferenciais mercadológicos já solidificados.

O foco da identidade do polo estaria no produto? Na qualidade? Na variedade e diversidade de seus móveis? Na capacidade produtiva e tecnológica existente? Haveria outras possíveis opções? Estaria em duas opções aqui citadas, em conjunto? Estaria em duas novas opções a serem mencionadas?

MISSÃO

A missão é o motivo que justifica a existência da própria empresa, ela sempre norteia uma iniciativa empreendedora. A missão de uma empresa (considere, nesse caso, o APL–Ubá) deve ser constantemente alimentada para não perder a coerência e negar a lógica que estimulou a sua própria instituição.

Qual a missão do Polo Moveleiro do APL de Ubá?

Todos os participantes foram incentivados a recordar os motivos históricos que fizeram com que surgisse o Polo Moveleiro de Ubá e a enumerar as possíveis características que legitimaram a sua expansão até a condição hoje reconhecida como um Arranjo Produtivo Local – APL.

O Polo teria tido algum escopo inicial para a sua criação? Ainda existem as marcas e traços das iniciativas pioneiras? Ainda existe uma coerência entre os motivos que legitimaram a criação/surgimento do Polo Moveleiro de Ubá e os motivos que o mantêm ativo hoje? Existe uma consciência coletiva que se apresente como elemento marcante entre os fabricantes? Existe uma ética em comum que distinga o APL moveleiro de Ubá dos demais polos do País?

Obs.: Neste item não podem existir duas opções.

POSICIONAMENTO ESTRATÉGICO (MERCADOLÓGICO)

Para se posicionar no mercado, devem ser levados em conta o cenário e o território competitivo existente, os vínculos e os limites das possíveis oportunidades mercadológicas, e, ainda, a realidade da concorrência no mesmo segmento de atuação.

Por meio da análise do posicionamento estratégico, tem-se conhecimento do segmento de mercado (nicho) em que a empresa atuará (neste estudo, enfoca-se o Polo Moveleiro de Ubá), da sua faixa de consumidores e ainda de seus possíveis concorrentes.

O posicionamento estratégico de uma empresa

Por posicionamento estratégico entende-se a posição (colocação) que uma empresa pretende ocupar dentro do mercado em que atua em relação ao concorrente e que sua imagem terá em relação ao consumidor.

Qual seria, então, o posicionamento estratégico do APL–Ubá?

Sabendo da variedade e diversidade das empresas produtoras de mobiliário no Polo, torna-se um desafio definir um posicionamento estratégico que açambarque mais de 350 fabricantes que compõem, até o ano de 2004, o APL Moveleiro de Ubá.

Mas, qual seria o posicionamento estratégico que poderia, de forma abrangente, representar o APL–Ubá? Um móvel para todos? Mobiliário à sua medida? Inovação em mobiliário? Móveis com durabilidade garantida? Diversificação em mobiliário? Móveis para exportação? Outras opções...?

O CUSTO E O PREÇO

Em um passado remoto, a prática de determinação dos preços dos produtos seguia uma lógica objetiva e linear que, em poucas palavras, consistia na multiplicação, por parte do fabricante, dos custos (geralmente, entre duas a quatro vezes) da confecção do produto (matéria-prima, mão de obra e processo). Esse valor, por sua vez, era repassado ao consumidor final com a mesma lógica de multiplicação de custos por parte dos lojistas que adicionavam seus gastos com manutenção de *showroom*, promoção e publicidade.

Hoje, mais que nunca, o custo orienta o preço, mas não mais o determina. No preço também são considerados outros valores e qualidades de difícil mensuração como, por exemplo, a qualidade percebida, o valor percebido e o de estima e a confiabilidade da marca no mercado.

Com tudo isso, não se pode mais considerar um produto somente como uma unidade física resultante de um processo tecno-industrial, mas como parte de um sistema complexo. Segundo Milo Coj (apud BERGONZI, 2002, p. 171), "isso fez com que o marketing desviasse seu foco da empresa tornando-se metamarketing", ou seja, passa a considerar também os valores subjetivos para definir o produto, o preço e o mercado.

Essa realidade fez com que o preço, durante seu percurso no tempo, deixasse de ser uma lógica do departamento administrativo, passando pelo departamento comercial, para hoje se firmar como um fator estratégico das empresas.

Nesse sentido, se hoje uma empresa concebe um novo produto com baixo custo de fabricação, mas que contenha conceito e alto valor agregado (design), além de forte valor e qualidade percebida (significância), torna-se, portanto, uma decisão estratégica da empresa direcionar-se para dois caminhos possíveis:

O primeiro seria migrar para outro segmento de mercado, em que, teoricamente, poderia aumentar o preço do seu produto buscando a obtenção de margem de lucro maior. O segundo seria manter-se em seu próprio segmento de mercado, fazendo uso do novo produto para melhor competir ou mesmo distanciar-se da concorrência dentro do seu espaço e nicho mercadológico.

RESULTADO DO PERFIL DO POLO MOVELEIRO DE UBÁ

Síntese dos diversos seminários e workshops, realizados pela consultoria gestora com o Grupo Temático Mercado e Imagem (Marketing Territorial) no polo moveleiro, que determinou o perfil do APL de Ubá:

A. Missão
   Produzir móveis de qualidade, promovendo a sustentabilidade socioambiental.

B. Identidade
   Capacidade tecnológica e diversificação na produção de móveis.

C. Posicionamento estratégico
   Móveis para todas as necessidades.

D. Segmentação de mercado
   Mercado "C e D" com inserções na faixa "B" por parte de algumas empresas.

PLANO E AÇÕES DE MARKETING TERRITORIAL

"Sejamos razoáveis, busquemos o impossível."
Platão, 400 a.C.

PLANEJAMENTO E DEFINIÇÃO DE OBJETIVOS ESTRATÉGICOS

Planejar significa pensar o futuro; agir em prospecção; capacidade de empregar artifícios para alcançar os objetivos propostos.

O planejamento e a definição de objetivos estratégicos constituem um processo direcionado a desenvolver uma relação entre os objetivos propostos, os recursos disponíveis pela organização e as oportunidades de mercado. É o que se intenciona atingir e a situação a que se deseja chegar.

Os objetivos do planejamento estratégico devem ser coerentes com o posicionamento estratégico e escolhido conforme a missão determinada.

Para atingir os objetivos propostos, é imperativo que sejam definidos os indicadores, os produtos e as metas e que as estratégias sejam definidas como de curto, médio ou longo espaço de tempo.

Os objetivos do Plano Estratégico Mercadológico (Marketing Territorial) do APL-Ubá

O Polo Moveleiro de Ubá tem, nos moldes de outras regiões – vide *cluster* Moveleiro de Bento Gonçalves no Brasil e os de Brianza e Friuli-Venezia-Giulia na Itália –, o objetivo estratégico é o de tornar o APL-Ubá reconhecido como centro de excelência na confecção de mobiliário e de tecnologia produtiva e gestão fabril no Brasil.

O Plano Estratégico Mercadológico (Marketing Territorial) do APL-Ubá tem como finalidade, objetivo e escopo fortalecer a imagem e legitimar o maior Polo Moveleiro de Minas Gerais, o APL–Ubá, como centro de excelência na produção de mobiliário no cenário nacional, por meio da diferenciação e diversificação dos produtos, da qualidade tecno-produtiva e no respeito ao meio ambiente.

AÇÕES DO PLANO E OBJETIVOS ESTRATÉGICOS

As ações do plano são as linhas guias (coordenadas), que promoverão os objetivos, a finalidade e o escopo indicados no Plano Estratégico Mercadológico (Marketing Territorial) do APL–Ubá. As ações presente no plano são definidas pelos indicadores, que são ações mensuráveis, pelos produtos, que são sinônimo de projeto ou ação única que não será mais repetida; nesse caso, o produto apresenta um começo e um fim bem determinados. Em concomitância, vêm as metas que são os valores que se deseja atingir para um determinado indicador. Em uma meta supõe-se que exista o que medir e um prazo determinado para a o seu cumprimento.

Os objetivos são os resultados mercadológicos a serem alcançados, bem como o público-alvo (consumidor) a ser atingido, além do aumento da autoestima dos atores envolvidos com o APL–Ubá.

É importante notar que o objetivo da ação é uma consequência direta da estratégia estabelecida que, por vez, é uma consequência do planejamento estratégico, do posicionamento estratégico e, por fim, da missão proposta.

Por outro lado, a missão orienta o posicionamento estratégico que, por sua vez, orienta o planejamento estratégico, que orienta a ação estratégica, até se chegar ao objetivo da ação, em um verdadeiro exercício de coerência e coordenação.

Após vários encontros, seminários e workshops com a equipe do **Sebrae, FIEMG–IEL, Intersind** e os membros do **Grupo Temático Mercado e Imagem**, foram destacados 12 indicadores para compor o **planejamento estratégico do APL moveleiro de Ubá.**

Os 12 indicadores do Plano Estratégico Mercado e Imagem (Marketing Territorial) do Polo Moveleiro de Ubá estão divididos em 43 produtos e metas, que foram distribuídos em três partes específicas, a saber:

PRIMEIRA PARTE

NÍVEL MACRO: MARKETING DO POLO MOVELEIRO
AÇÃO INSTITUCIONAL VOLTADA PARA O APL–UBÁ COMO UM TODO.

PRODUTO

Campanha publicitária institucional do Polo Moveleiro de Ubá abordando:

- Campanha que mostre a qualidade dos móveis produzidos em Ubá e região destacando o tema: FEITO EM UBÁ.

- Campanha que mostre a capacidade tecno-produtiva do Polo destacando o tema: EM UBÁ TEM.

- Campanha que mostre a consciência da importância social do Polo Moveleiro destacando o tema: VOCÊ SABIA?

OBJETIVO 1

Objetivo da ação

- A ação da campanha publicitária em nível regional e nacional visa a melhoria da imagem do Polo e será veiculada em mídia impressa, objetivando abranger consumidores, lojistas, parceiros institucionais e de fomento, a comunidade, e o próprio Polo Moveleiro de Ubá e região;

- Essas campanhas visam, de igual forma, promover a autoestima dos produtores, funcionários, lojistas e demais atores sociais, envolvidos com o APL–Ubá.

Modelo de anúncio 1.

Modelo de anúncio 2.

Modelo de anúncio 3.

PRODUTO

Campanha promocional do Polo Moveleiro de Ubá abordando:

- Construção de cadeiras gigantes (17 m de altura) nos entroncamentos das principais rodovias que dão acesso ao Polo Moveleiro de Ubá, como as estradas: JF/Ubá; BHZ/Ubá; Aimoré/Ubá etc., contendo iluminação noturna e placa com a inscrição: **Você está entrando no maior Polo Moveleiro de Minas Gerais.**

- Promoção de uma **framework de conscientização** e difusão do APL–Ubá (amigos do Polo) que utiliza, dissemina e distribui *bottoms* com o ícone (cadeira) que representa o Polo Moveleiro;

- Inserção do ícone que representa o APL–Ubá em todos os **brindes promocionais** do final de ano das empresas que constituem o Polo, bem como os do Intersind por meio de: agendas, calendários etc;

- Exposição dos produtos da **Coleção Ubá Móveis de Minas** em aeroportos do Brasil.

OBJETIVO 2

Objetivo da ação

- Esta ação busca, por meio da difusão de maneira figurativa do ícone do Polo Moveleiro, inserir e sustentar a imagem do Polo no inconsciente coletivo.

Cadeira gigante em trevo rodoviário.

Bottom/spin para distinguir a framework de amigos do Polo.

Expositores nos principais aeroportos do País.

Calendários.

META

Campanha Polo Moveleiro Ecológico abordando:

- Um dos maiores consumidores de aglomerado e MDF do Brasil (matérias-primas provenientes de madeiras reflorestáveis como o **pinus** e o **eucalipto**).

- Uso de sistema de **cromagem ecológica** e de sistema de **impressão** (acabamento) **UV** que evitam o uso do **cromo químico** e de **folhas de madeiras naturais**.

- Reaproveitamento de sobras e resíduos das matérias-primas, em forma de artesanato, **evitando e reduzindo o impacto ambiental**.

- Empresas do Polo investem em reflorestamento e já tomam medidas **antipoluentes**.

OBJETIVO 3

Objetivo da ação

- O objetivo desta ação é demonstrar a **conscientização e compromisso** do Polo Moveleiro de Ubá, com a **sustentabilidade ambiental** e com o **crescimento ecossustentável**.

Modelo de anúncio Polo Ecológico.

PRODUTO

Imagem corporativa e coordenada do Polo Moveleiro de Ubá

- Unidade na programação visual dos meios de transporte que executam a entrega do mobiliário produzido no Polo Moveleiro como: caminhões, Kombi, Besta etc.

- Unidade nos impressos como notas de serviço, de pedido e de entrega, das empresas participantes do APL–Ubá, inserindo a marca e o ícone do Polo nesses documentos.

- Unidade no formato dos catálogos e folhetos promocionais das empresas participantes do APL– Ubá, inserindo a marca e o ícone do Polo na quarta capa desses materiais.

OBJETIVO 4

Objetivo da ação

- Elaborar um projeto gráfico coordenado e promoção da imagem do APL-Ubá, no mercado nacional, buscando, de maneira global e consistente, que o Polo seja percebido e identificado como um verdadeiro *cluster* moveleiro.

Programação visual nos meios de transporte já existentes no APL–Ubá.

META

Inserção do Polo em meios e veículos virtuais

- Instituir a homepage do Polo Moveleiro de Ubá, contendo informações sobre a sua história, percurso e resultados atingidos, como o maior Polo Moveleiro de Minas Gerais e um dos maiores do Brasil e da América do Sul;

- Instituir o catálogo virtual do Polo Moveleiro de Ubá, buscando a promoção mundial dos produtos produzidos pelo APL;

- Instituir um canal de vendas virtual para empresas associadas ao projeto homepage;

- Inserir a Coleção Ubá Móveis de Minas na homepage do Polo.

OBJETIVO 5

Objetivo da ação

- Considerando a ruptura atual do conceito espaço/tempo, possibilitado pela Internet, esta ação visa proporcionar, em tempo real, informações sobre o Polo Moveleiro em toda as partes do mundo, bem como possibilitar o acesso e a aquisição dos seus produtos à distância. O conteúdo do site estará em dois idiomas.

Modelo de home page.

SEGUNDA PARTE

MARKETING DIRETO – COMUNICAÇÃO DIRIGIDA
AÇÕES DIRIGIDAS A SEGMENTOS ESPECÍFICOS E PRIORITÁRIOS (PÚBLICO-ALVO) COMO OS REPRESENTANTES COMERCIAIS, LOJISTAS E CONSUMIDORES EM POTENCIAL.

META

Público-alvo (consumidor) dirigido

- Reforçar uma linguagem acessível ao consumidor feminino, com faixa etária de 30 a 45 anos que representa 95% dos consumidores que frequentam as lojas clientes de Ubá;

- Promover campanha no interior dos pontos de vendas, concentrando esforços na grande quantidade de lojas e magazines clientes do Polo de Ubá, com campanha feita por meio de folders, deplians e banners destacando: **Aqui tem: móveis produzidos em Ubá.**

- Realização de uma feira de móveis em Ubá, no formato de uma grande residência, onde todos os ambientes da casa serão decorados com os móveis produzidos em Ubá e região, confirmando assim, o posicionamento estratégico do Polo: **Móveis para todas as necessidades.**

OBJETIVO 6

Objetivo da ação

- O objetivo desta ação é dirigir mensagens específicas a clientes em potencial, e de determinados segmentos, bem como a consumidores que ainda não compram do Polo Moveleiro de Ubá;

- Investimento no público feminino como importante formador de opinião na escolha de mobiliário doméstico;

- Promover maior parceria entre fabricantes, representantes e lojistas;

- Ação com enfoque no consumidor final, buscando divulgar novas tendências, promover vendas e divulgar as empresas de diversos segmentos que compõem o Polo de Ubá.

Modelo de anúncio dirigido ao consumidor.

PRODUTO

Campanha de imagem dirigida

- Promover divulgação institucional do Polo, utilizando as grandes marcas e empresas consagradas em seus segmentos, como âncoras, por meio da campanha: **Empresa do Polo de Ubá**.

- Campanha Ubá Exporta em que aparecem, em destaque, os percentuais, valores e números de exportação atingidos pelo grupo **Movexport**.

OBJETIVO 7

Objetivo da ação

- Promover o link entre a boa imagem das empresas líderes em seus segmentos provenientes de Ubá, com o Polo Moveleiro local;

- Campanha para incrementar as exportações do Polo Moveleiro de Ubá, dirigida às empresas de exportação e comércio exterior.

Modelo de campanha de imagem dirigida por meio de empresas âncora.

META

Promoção da Femur

□ Trabalhar a imagem da Femur dentro do cenário nacional;

□ Instituir o Prêmio Nacional de Design de Mobiliário da Femur;

□ Instituir, na Femap, um salão que enfoque o conceito e a experimentação de novas tecnologias e produtos diferenciados, nos moldes do Salão Satélite da Feira do Móvel de Milão.

OBJETIVO 8

Objetivo da ação

□ Fazer transparecer para o mercado a imagem do Polo Moveleiro de Ubá como um **espaço que pensa o futuro** e propenso a **promover novas tendências**, em vez de incentivar a prática da cópia de mobiliário.

Exemplo de salão experimental – parceria entre fornecedores e faculdades de design.

META

Promoção do Polo em mostras e feiras

- Participação das empresas do Polo (em grupo) em **feiras do setor moveleiro pelo Brasil e exterior**, com a seguinte estratégia: Rua do Polo Moveleiro de Ubá, Grupo Ubá Móveis de Minas ou Espaço Polo Moveleiro de Ubá;

- Realização de mostra itinerante da **Coleção Ubá Móveis de Minas em feiras**, mostras e lar shoppings do Brasil;

- Criação do **KIT Souvenir** (brindes) do Polo Moveleiro de Ubá, para distribuição em feiras e eventos:

- Criação do **catálogo/revista** do Polo Moveleiro de Ubá para divulgação coletiva em feiras, eventos e ainda para servir como referência e consulta a representantes, lojistas e consumidores.

OBJETIVO 9

Objetivo da ação

- Consolidar o **conceito de APL (*cluster*)** do Polo Moveleiro de Ubá e região pelo Brasil.

Mostra itinerante Coleção Ubá Móveis de Minas.

TERCEIRA PARTE

ENDOMARKETING – COMUNICAÇÃO INTERNA
DIRIGIDA PARA DENTRO DO POLO MOVELEIRO, À CIDADE DE UBÁ E À REGIÃO.

AÇÕES DE VALORIZAÇÃO DA **AUTOESTIMA DOS ATORES ENVOLVIDOS** COM O APL–UBÁ, POR MEIO DE CAMPANHA QUE EXPLORE O ENDOMARKETING.

META

Endomarketing

▫ Campanha que estimule o sentido de inclusão dos funcionários das empresas e da população da cidade pelo **concurso de monografia: Meu trabalho, Minha cidade;**

▫ Inclusão da população das cidades que compõem o APL nos **debates e ações** sobre o Polo Moveleiro de Ubá;

▫ Inserção dos **estudantes locais** nos debates sobre a representatividade do Polo para a cidade por meio de **concursos de redações temáticas;**

▫ Incentivar a participação e o patrocínio das empresas do APL em **festas, gincanas e promoções escolares** das cidades da região que compõem o Polo Moveleiro de Ubá;

▫ Melhoria e redesenho do **mobiliário urbano** da cidade de Ubá (pontos de ônibus, bancos de praça, bancas de revistas, telefones públicos etc.);

▫ Criação/contratação de **assessoria de comunicação social: imprensa e relações públicas** para aplicação e manutenção do endomarketing no Polo Moveleiro de Ubá.

OBJETIVO 6

Objetivo da ação

▫ O **objetivo** desta ação é transmitir o sentido de **inclusão e participação social** dos operários e funcionários do APL, com a sua **comunidade,** aumentando a **autoestima dos funcionários,** fazendo-os perceber a sua importância no processo do desenvolvimento local;

▫ Melhorar a imagem do Polo e da cidade de Ubá, **requalificando a degradação urbana** e promovendo comodidade e atrativos aos moradores e visitantes.

Modelo de aplicação do endomarketing por meio de concurso de monografia.

PRODUTO

Promoção efêmera por meio de banners, outdoors e gadgets

- Criação de **porta-copos e suportes para guardanapos** contendo a marca e o ícone do Polo Moveleiro;

- Criação de toalhas para **restaurantes** e **guardanapos** contendo a marca e o ícone do Polo Moveleiro;

- Criação de **brindes** contendo a **marca** e o **ícone** do Polo Moveleiro para serem distribuídos em hotéis, bares e restaurantes.

OBJETIVO 11

Objetivo da ação

- Campanha de **conteúdo efêmero** e de **efeito temporal**, destinada a **eventos, missões, feiras e demais promoções temporárias** que envolvam o Polo Moveleiro de Ubá e região.

Porta-copos para bares e restaurantes da cidade de Ubá e região.

META

Reciclagem e atualização

- Promover **cursos de atualização** em **gestão tecnológica, design e marketing,** para empresários e funcionários do Polo Moveleiro;

- Promover ações de **certificação normativa do mobiliário,** melhorando o "estado da arte" dos produtos do APL–Ubá, visando atingir maior venda e abrangência de mercado;

- Promover **missões técnicas ao exterior,** buscando novos benchmarkings e novos conhecimentos para o APL–Ubá;

OBJETIVO 12

Objetivo da ação

- Proporcionar, por meio de **cursos de reciclagem, certificação técnica e atualização dos produtos** uma **maior credibilidade e melhoria da imagem** do APL–Ubá;

- Promover e manter uma **constante e profícua** relação entre **empresas, funcionários, lojistas e fornecedores** do universo moveleiro com a cidade de Ubá e região.

EXEMPLOS DE CERTIFICAÇÃO NACIONAL RECICLAGEM E ATUALIZAÇÃO

CERTIFICADO DE CONFORMIDADE – ABNT

- Destinado a produtos e serviços que cumprem as especificações técnicas ou normas brasileiras.

CERTIFICAÇÃO DO RÓTULO ECOLÓGICO – ABNT

- Destinado a produtos e serviços em conformidade com os critérios ambientais.

REVITALIZAÇÃO DA MARCA DO POLO

PRODUTO:

REVITALIZAÇÃO E ADEQUAÇÃO DA MARCA EXISTENTE DO POLO MOVELEIRO DE UBÁ

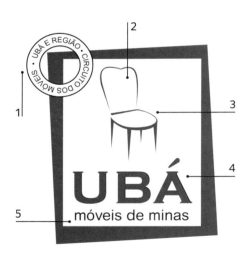

A marca antes e depois da revitalização.

1. Leitura comprometida quando se reduz para outras aplicações
2. Correção das proporções da cadeira
3. Correção da angulação da cadeira
4. Eliminação das serifas
5. Suavização dos caracteres do slogan

CONCLUSÃO

Com a realização do Planejamento Estratégico Mercado e Imagem (Marketing Territorial), espera-se que sejam abertas novas possibilidades para o APL moveleiro de Ubá e região – composta pelas cidades de Guidoval, Guiricema, Piraúba, Rio Pomba, Rodeiro, São Geraldo, Tocantins, Ubá e Visconde do Rio Branco que, juntas, compõem o maior polo moveleiro de Minas Gerais e um dos maiores centros produtores de móveis do Brasil.

O objeto deste trabalho e a abrangência das ações aqui apresentadas vão ao encontro dos anseios das empresas do APL–Ubá que, há muito, buscam alargar suas áreas de atuação mercadológica dentro do território nacional e expandir seu comércio visando à exportação.

As 12 ações estratégicas desenvolvidas pelo grupo de trabalho mercado e imagem estão dividas em três segmentos específicos: marketing do Polo Moveleiro em nível macro, cuja aplicação institucional é destinada à melhoria da imagem do APL como um todo; marketing e comunicação dirigida, destinados a segmentos específicos e públicos-alvos formadores de opinião que poderão contribuir para a promoção das empresas locais, e, por último, as ações de endomarketing, que são dirigidas para o próprio polo, cujo conteúdo busca valorizar a autoestima dos atores envolvidos com o arranjo produtivo moveleiro local.

De igual importância foi a subdivisão das 12 ações em 39 subações que, de maneira estratégica, foram distribuídas em cada segmento específico correlacionado.

Dessa forma, espera-se atingir os objetivos almejados para o APL–Ubá, os quais são: em um curto prazo de tempo, colocar em evidência um dos maiores polos moveleiros do País que, apesar dos números favoráveis de produtividade, tecnologia fabril e percentuais de faturamento apresentados, ainda não é reconhecido como modelo de excelência na produção de mobiliário no Brasil; em médio espaço de tempo, espera-se aumentar o faturamento das empresas que compõem o APL–Ubá em patamares muito superiores aos apresentados hoje, eliminando a ociosidade produtiva existente em grande parte das empresas produtoras locais; e, por último, em longo espaço de tempo, expandir para todo APL, a possibilidade de exportação de seus artefatos para o mercado externo, abrindo, assim, novas fronteiras de expansão mercadológica para os fabricantes do APL.

É mister reconhecer que um desafio de tamanha complexidade requer planejamento e determinação para atingir as metas propostas. Esse é o escopo deste planejamento estratégico: fornecer linhas guias e diretrizes em busca da consolidação dos objetivos traçados para o Polo Moveleiro de Ubá e região.

ANEXOS

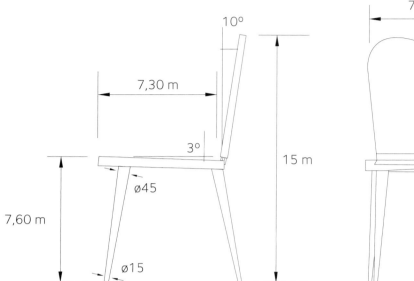

Desenho s/ escala: unidade metro; Medidas da cadeira tamanho gigante.

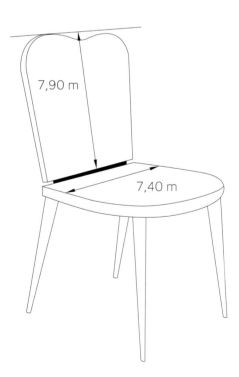

Perspectiva e medidas da cadeira gigante.

215

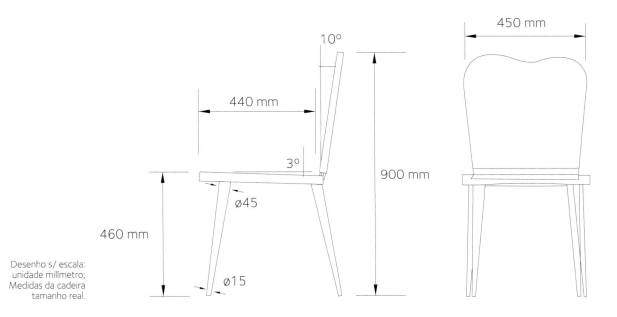

Desenho s/ escala:
unidade milímetro;
Medidas da cadeira
tamanho real.

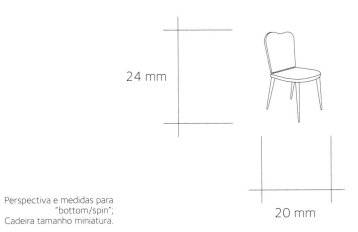

Perspectiva e medidas para
"bottom/spin";
Cadeira tamanho miniatura.

conclusão

Conclusão

O Metaprojeto se apresenta como um *pack of tools* que considera os métodos dialético e dedutivo, bem como diferentes hipóteses, para a concepção e/ou correção dos artefatos destinados à produção seriada. É objetivo do metaprojeto propiciar um mapa conceitual a partir de uma plataforma de conhecimentos na qual vêm apontados os pontos positivos e negativos relacionados ao produto em estudo, verificando-se o ciclo de vida do produto no mercado, a tecnologia produtiva e as matérias-primas utilizadas, os fatores sociais e mercadológicos correlacionados, bem como a coerência estético-formal e os fatores de usabilidade intrínsecos a esse produto, por meio da utilização de modelos de análises aplicados anteriormente à fase de projeto.

METAPROJETO

O **metaprojeto** considera o cenário e o território fluidos e dinâmicos, nos quais atua uma pluralidade de atores sociais com papéis diferentes e mutáveis;

O **metaprojeto**, além de considerar o cenário e o território, de igual forma, insere no seu âmbito de ação o ambiente, a empresa, o mercado, o consumo e a cultura;

O **metaprojeto**, como abordagem transdiciplinar que pesquisa, interpreta e produz novos significados, metabolizando e decodificando os diferentes saberes e conhecimentos.

O resultado almejado é a definição de uma proposta conceitual *(concept)* para um novo artefato industrial, ou a realização de uma análise corretiva *(diagnose)*, em um produto e/ou serviço já existente. Outro importante objetivo do metaprojeto é o de reduzir, antecipadamente, possíveis erros do produto no cumprimento da sua função de uso diário. Uma vez considerada a aplicação dos princípios metaprojetuais, e de posse dos resultados das análises previamente efetuadas, deve ser elaborado um quadro conclusivo em que são apresentadas as principais características para uma nova proposta conceitual ou redesenho do produto em estudo.

METAPROJETO

Para o **metaprojeto,** o cenário fluido e dinâmico é como a modernidade fluida e dinâmica, o que corresponde também a um **design fluido e dinâmico;**

O **metaprojeto** considera o **design um sistema aberto** e, portanto, não um set estático de elementos fixos, mas uma entidade em constante tensão dinâmica, na qual o estado de equilíbrio não pode existir, se não em caráter temporário;

A aplicação do metaprojeto é, portanto, uma síntese do esforço empreendido na decomposição e decodificação dos cenários possíveis, de modo a incutir maior valor e melhor qualidade a artefatos que venham a resultar em benefícios para os usuários, avanços para a cultura produtiva e enriquecimentos para cultura do design, este, aqui, entendido como um campo de conhecimento estratégico e avançado dentro do complexo cenário mundial estabelecido.

Para a montagem conclusiva do trabalho, não existem limites de dados e de informações a serem apresentados. A conclusão é, portanto, uma síntese do esforço empreendido na decomposição e decodificação dos itens em estudo, procurando, por fim, promover uma maior e melhor qualidade (no sentido amplo do termo) do artefato industrial, que se reflita também em benefícios para os usuários/consumidores e, de igual forma, para a cultura do design.

Bom trabalho.

fonte de figuras, fotos e imagens

Capítulo 1

P. 10 Quadro sintético sobre a complexidade do cenário atual.
Imagem desenvolvida pelo autor juntamente com Alessandro Biamonti, a partir de fotografia de Gabriele Maria Pagnini.

P. 13 Quadro sintético demonstrando o design e a complexidade na constelação de conhecimentos.
Quadro desenvolvido pelo autor a partir do mapa da constelação de conhecimentos de Alessandro Biamonte parafraseando a constelação de valor de Richard Normann.

Capítulo 4

P. 38 Quadro sintético sobre o custo e o preço.
Imagem de sofá reproduzida a partir do catálogo promocional da FENDI CASA. Produto produzido e distribuído sob licença da FENDI pela empresa Club House Itália SRL.

P. 57 Quadro sintético sobre produto ecoeficiente.
Lixeira: Produto projetado no Curso de Design do Politecnico di Torino, Itália.
Foto: David Vicário-Mediastyle.
Imagem reproduzida do livro: Luigi Bistagnino. *Design con un futuro/Design with a future*. Torino: Time & Mind edizioni, 2003.

P. 58 Quadro sintético design e sustentabilidade socioambiental.
Imagens da garrafa de água mineral Evian, reprodução do livro: Carlo Vezzoli e Ezio Manzini. *Design per la sostenibilità ambientale*. Bologna: Zanichelli Editore, 2007.

P. 60 Quadro sintético sobre produto ecossustentável.
Imagem de Embalagem de Chocolates em Material Comestível. AAVV, Emballage, 1994. Reprodução do livro: Carlo Vezzoli e Ezio Manzini. *Design per la sostenibilità ambientale*. Bologna: Zanichelli Editore, 2007.

P. 65 Quadro sintético sobre tecnologia e produtos ecoeficientes.
Jarra de água em cerâmica: Produto projetado no Curso de Design do Politecnico di Torino, Itália.
Foto: David Vicário-Mediastyle.
Imagem reproduzida do livro: Luigi Bistagnino. *Design con un futuro/Design with a future*. Torino: Time & Mind edizioni, 2003.

P. 70 Quadro sintético sobre as influências socioculturais.
Imagem de Bonecas de Barro da Associação dos Artesãos de Coqueiro do Campo no Vale do Jequitinhonha – MG.
Foto: Miguel Aun.

P. 71 Quadro sintético sobre design, cultura e território com ênfase nos produtos industriais.
Imagens de cadeiras reproduzidas do guia Feira de Milão 2003.

P. 72 Quadro sintético sobre design, cultura e território com ênfase na moda.
Imagens do catálogo de moda da empresa Mazzini (Itália) e imagem de sapato da coleção Rute Salomão,
de Ronaldo Fraga.

P. 73 Quadro sintético sobre linha de produtos do designer Achille Castiglioni e a relação destes com
o movimento dadaísta.
Imagens dos produtos de Achille Castiglioni reproduzidas do livro *Achille Castiglioni tutte le opere:*
1938-2000, de Sergio Polano. Milano: Ed. Electa, 2001.

P. 74 Quadro sintético sobre ética e estética.
Imagem de índios pintados e ornamentados. Foto: Adriana Moura.

P. 79 Quadro sintético sobre tecnologia produtiva.
Imagem de detalhe inferior de banco confeccionado em poliuretano. Reproduzido da publicação Design
Diffusion News n.95. Milano Design 2006.

P. 81 Painel iconográfico - fatores socioculturais do produto em estudo.
Painel desenvolvido pelo estudante Alecir Carvalho apara a disciplina Metaprojeto do curso de Mestrado
em Engenharia de materiais da Redemat (UFOP/CETEC/UEMG).

P. 82 Quadro sintético sobre tecnologia produtiva e materiais.
Imagens do computador Apple reproduzidas do site promocional da empresa.

P. 83 Quadro sintético sobre tecnologia produtiva, materiais e estilo de vida.
Pia flexível: Produto projetado no Curso de Design do Politecnico di Torino, Itália.
Foto: David Vicário-Mediastyle.
Imagem reproduzida do livro: Luigi Bistagnino. *Design con un futuro/Design with a future.* Torino: Time &
Mind edizioni, 2003.

P. 84 Quadro sintético sobre produto e interatividade no uso.
Imagem da poltrona translúcida Eudora, design e foto de Critz Campbell. Reprodução do livro Sedie:
design e tecnologie d´avanguardia, de Mel Byars. Modena: Ed. Logos, 2006.

P. 86 Aplicação prática do metaprojeto para o tópico tecnologia produtiva e materiais empregados.
Imagens ilustrativas, para melhor entendimento das características do produto em estudo, realizadas
pelo estudante Alecir Carvalho para a disciplina Metaprojeto, do curso de Mestrado em Engenharia de
Materiais da Redemat (UFOP/CETEC/UEMG).

P. 88 Quadro sintético sobre fatores tipológicos e ergonômicos.
Imagem ergonômica desenvolvida pela equipe Lab Design.

P. 89 Quadro sintético sobre ergonomia e fatores cognitivos.
Imagem da estação de trabalho para computador Netsurfer (Snowcrash), design de Teppo Asikainen e
Ilkka Terho. Reprodução do livro *Design Contemporâneo,* de Patrizia Mello. Milano: Ed. Electa, 2008.

P. 92 Quadro sintético ergonomia, forma e função.
Imagem do telefone público Rotor 2000 outdoor, projetado pelo Studio Sowden Design for I.P.M., 1998.
Reprodução do livro *Transitive Design,* de Clinio Castelli. Milano: Ed. Electa 1999.

P. 94-98 Tipologia formal do produto.
Exemplos ilustrativos da tipologia formal do produto desenvolvidos pela equipe Lab design.

Capítulo 5 Minicurso

P. 107-113 Abridor de garrafas Diabolix da empresa Alessi S.p.A.
Imagens e quadros elaborados pela equipe de trabalho: Itiro Iida, Rui Roda, Cristiano, Rosangela e Lia Krucken, a partir de material promocional da empresa Alessi S.p.a.

Capítulo 5 Especialização

P. 117-122 Absolut Vodka.
Imagens e quadros elaborados pela equipe de trabalho: Alencar Ferreira, Mariana Misk, Erica Dutra, Flavia Rocha, Marcela Rodriguez e Paulo Andrade, a partir do material promocional da empresa Absolut Vodka.

Capítulo 5 Mestrado

P. 125-167 Tênis esportivo Nike Shox Cog ID.
Imagens e quadros elaborados pela equipe de trabalho: Gildézio Hubner, Maíra Paiva Pereira, Mônica Mesquita Lamounier, a partir do material promocional da empresa e pesquisas ergonômicas efetuadas. Exemplos ilustrativos desenvolvidos pela equipe Lab design.

Capítulo 5 APL Moveleiro

P. 172-215 Planejamento estratégico, mercado e imagem (marketing).
Redesenho da marca do polo, programação visual, design gráfico, gadgets, spins, imagens e quadros elaborados por Dijon De Moraes e Araquém Belo. Anúncios publicitários elaborados pela agência de publicidade Casablanca de Belo Horizonte - MG. Liberação de uso pelo SEBRAE-MG.

Modelo anúncio consumidor dirigido.
Anúncio elaborado por Dijon De Moraes e Araquém Belo. Modelo: Naiara Moraes Castro. Fotógrafo: Fabrício Marotta. Produção: Túlio Moraes.

referências bibliográficas

IEL/MG – Getec (Gerência de Estudos e Projetos Tecnológicos) Gerente: Heloisa Regina Guimarães de Menezes (org.). *Diagnóstico do polo moveleiro de Ubá e região.* Belo Horizonte: Sistema FIEMG/IEL-MG/Intersind/Sebrae-MG, 2003.

ANCESCHI, Giovanni. In: BUCCELLATI, Graziella; MANETTI, Benedetta. *Ad honorem*: Achille Castiglioni, Gillo Dorfles, Tomás Maldonado, Ettore Sottsass, Marco Zanuso. Milano: Ed. Hoepli, 2001. p. 159.

ANCESCHI, Giovani et. al. *Il verri nella rete.* Milano: Monograma, 2001.

BAGNARA, Sebastiano. "Un percorso verso le emozioni". In: NORMAN, Donald A. *Emotional design*: perché amiamo (o odiamo) gli oggetti della vita quotidiana. Milano: Ed. Apogeo srl, 2004. p. VIII.

BAUDRILLARD, Jean. *Il sistema degli oggetti.* Milano: Ed. Bompiani, 2003.

BAUMAN, Zygmunt. *Intimations of postmodernity.* London: Ed. Routledge, 1992.

_____ . *La società dell'incertezza.* Bologna: Ed.Il Mulino, 1999.

_____ . *Liquid modernity.* Oxford: Polity Press Cambridge/ Blackwell Publishers, 2000.

_____ . *Modernità liquida.* Roma/Bari: Editori Laterza & Figli, 2002.

BECK, Ulrich. *Che cos'è la globalizzazione.* Roma: Ed. Carrocci, 1999.

_____ . *I rischi della libertà.* Bologna: Ed. Il Mulino, 2000.

BERGONZI, Francesco. *Il design e il destino del mondo*: il prodotto filosofale. Milano: Ed. Dunod, 2002.

BERTOLA, Paola e MANZINI, Ezio (org.). *Design multiverso*: appunti di fenomenologia del design. Milano: Edizione POLIdesign, 2004.

BIAMONTI, Alessandro. *Learning environments*: nuovi scenari per il progetto degli spazi della formazione. Milano: Ed. Franco Angeli, 2007.

BISTAGNINO, Luigi. *Design con un futuro.* Torino: Time & Mind Edizioni, 2003.

_____ . *Design sistemico*: progettare la sostenibilità produttiva e ambientale. Bra (Cn): Slow Food Editore, 2009.

BERTOLDINI, Marisa. *La cultura politecnica I.* Milano: Ed. Bruno Mondadori, 2004.

_____ . *La cultura politecnica II.* Milano: Ed. Bruno Mondadori, 2007.

BONSIEPE, Gui. *Dall'oggetto all'interfaccia*: mutazioni del design. Milano: Ed. Feltrinelli, 1995.

BONFANTINI, Massimo Achille. *Breve corso di semiotica.* Milano: Edizioni Scientifiche Italiane, 2000.

BRANZI, Andrea. *La crisi della qualità.* Palermo: Edizioni della Battaglia, 1997.

_____ . *Learning from Milan*: design and the second modernity. Cambridge: MIT Press edition, 1988.

_____ . *Modernità debole e diffusa*: il mondo del progetto all'inizio del XXI secolo. Milano: Ed. Skira, 2006.

BUCCELLATI, Graziella; MANETTI, Benedetta. *Ad honorem*: Achille Castiglioni, Gillo Dorfles, Tomás Maldonado, Ettore Sottsass, Marco Zanuso. Milano: Ed. Hoepli, 2001.

BUCCI, A. *L'Impresa guidata dalle idee*. Milano: Ed. Domus Academy, 1992.

BÜRDEK, Bernhard. *Design: história, teoria e prática do design de produtos*. São Paulo: Blucher, 2006.

CANNERI, Diego. In: MAURI, Francesco. *Progettare progettando strategia*. Milano: Ed. Dunob, 1996.

CARMAGNOLA, Fulvio. *Non sapere di sapere*: modelli di pensiero e immagini del mondo nell'analisi culturale dell'organizzazione. Milano: Ed. Etas Libri, 1994.

CARMAGNOLA, Fulvio; FERRARESI, Mauro. *Merci di culto*: ipermece e società mediale. Roma: Ed. Castelvecchi, 1999.

CASTELLI, Clinio. *Transitive design*. Milan: Ed. Electa, 1999.

CASTELLS, Manuel. *The rise of the network society*. Oxford: Ed. Blackwell, 1996.

CELASCHI, Flaviano. *Il design della forma merce*: valori, bisogni e merceologia contemporanea. Milano: Ed. Il Sole 24 Ore / POLIdesign, 2000.

CELASCHI, Flaviano e DESERTI, Alessandro. *Design e innovazione*: strumenti e pratiche per la ricerca applicata. Roma: Carocci Editore, 2007.

CENERINI, Riccardo. *Ecologia e sviluppo*: un equilíbrio possibile. Milano: Ed. Il Sole 24 Ore, 1994.

CREARE. *Pesquisa de mercado*: arranjo produtivo de móveis, Ubá/MG. Relatório Analítico. Belo Horizonte: Creare, 2004.

DENI, Michela e PRONI, Giampaolo (org.). *La semiotica e il progetto*: design, comunicazione, marketing. Milano: Ed. Franco Angeli, 2008.

DESERTI, Alessandro. *Il sistema progetto*: contributi per una prassi del design. Milano: Ed. POLIdesign, 2001.

_____ . *Intorno al progetto*: concretizzare l'inovazione. In: CELASCHI, Flaviano;

_____ . *Design e innovazione*: strumenti e pratiche per la ricerca applicata. Roma: Carocci Editore, 2007. p.57.

_____ . *Metaprogetto*: riflessioni teoriche ed esperienze didattiche. Milano: Edizioni POLIdesign, 2003.

DROSTE, Magdalena. *Bauhaus*: archiv 1919-1933. Berlin: Ed. Benedickt Taschen, 1991.

FIGUEROA, Alberto Vázquez. *Tuareg*. Buenos Aires: Ed. Random-House, 2008.

FINIZIO, Gino. *Design e management*: gestire l'idea. Ginevra/Milano: Ed. Skira, 2002.

GERMAK, Claudio; BISTAGNINO, Luigi; CELASCHI, Flaviano. *Man at the centre of the project*: design for a new humanism. Torino: Ed. Allemandi & C. 2008.

HAHN, Peter. In: MICHELIS, Marco De; KOHLMEYER, Agnes. *Bauhaus* 1919-1933: da Klee a Kandinsky da Gropius a Mies Van Der Rohe. Milano: Ed. Mazzotta, 1996. p. 37.

HESKETT, Jonh. *Industrial design*. London: Ed. Thames and Hudson, 1990.

JÉGOU, François; MANZINI, Ezio. *Collaborative services*: social innovation and design for sustainability. Milano: Ed. POLIdesign, 2008.

KLINK, Amyr, *Cem dias entre o céu e o mar*. São Paulo: Cia. das Letras, 1995.

KOTLER, Philip. *Marketing Management*: analisi, pianificazione e controllo. Torino: Li/Ed. L'impresa Edizioni,1967. KRUCKEN, Lia. *Design e território*: valorização de identidades e produtos locais. São Paulo:

Studio Nobel / SEBRAE-NA, 2009.

LAGES, Vinicius; BRAGA, Christiano; MORELLI, Gustavo. *Territórios em movimento*: cultura e identidade como estratégia de inserção competitiva. Rio de Janeiro: Relume Dumará / Brasília, DF: Sebrae-NA, 2004.

LEVITT, Theodore. *Marketing imagination*. Milano: Sperling & Kupfer Editori,1990.

MALAGUTI, Cynthia. "Design e valores materializados: cultura, ética e sustentabilidade". In: MORAES, Dijon; KRUCKEN, Lia. *Design e sustentabilidade*. Coleção Cadernos de Estudos Avançados em Design. Belo Horizonte: EdUEMG, 2009. v. I. p. 27-37.

MALDONADO, Tomás. *Critica della ragione informática*. Milano: Ed. Feltrinelli, 1997.

_____ . *Cultura, democrazia, ambiente*. Milano: Ed. Feltrinelli, 1990.

_____ . *Disegno industriale un riesame*. Milano: Ed. Feltrinelli, 1992.

_____ . *Il futuro della modernità*. Milano: Ed. Feltrinelli, 1987.

_____ . *Memoria e conoscenza*: sulle sorti del sapere nella prospettiva digitale. Milano: Ed. Feltrinelli, 2005.

_____ . *Reale e virtuale*. Milano: Ed. Feltrinelli, 1993.

MANZINI, Ezio. *Artefatti*: verso um ecologia dell'artificiale. Milano: Ed. Domus Academy, 1990.

_____ . "Design research for sustainable social innovation". In: Michel R. (ed.), *Design Research now*: essays and Selected Projects. Basel: Birkhäuser, 2007.

_____ . "Il design in un mondo fluido". In: BERTOLA, Paola; MANZINI, Ezio. *Design multiverso*: appunti di fenomenologia del design. Milano: POLIdesign Edizioni, 2004. p. 10-17.

_____ . "Processi sociali di apprendimento". In: BERTOLDINI, Marisa et. al. *La cultura politecnica*. Milano: Ed. Bruno Mondatori, 2004. p. 162.

_____ . "Small, local, open and connected: design research topics in the age of networks and sustainability". *Journal of Design Strategies*, v. 4, n. 1, primavera, 2010.

MANZINI, Ezio; JÉGOU, François. "Design degli scenari". In: BERTOLA, Paola; MANZINI, Ezio (org.). *Design multiverso*: appunti di fenomenologia del design. Milano: Edizione POLIdesign, 2004. p. 180-192.

MANZINI, Ezio ; VEZZOLI, Carlo. *O desenvolvimento de produtos sustentáveis*. São Paulo: Edusp, 2002.

MARCONI, Marina de Andrade; LAKATOS, Eva Maria. *Fundamentos de metodologia científica*. 5. ed. São Paulo: Atlas, 2003.

MAURI, Francesco. *Progettare progettando strategia*. Milano: Ed. Dunob, 1996.

MICHELIS, Marco De; KOHLMEYER, Agnes. *Bauhaus 1919-1933*: da Klee a Kandinsky da Gropius a Mies Van Der Rohe. Milano: Ed. Mazzotta, 1996.

MORACE, Francesco. *Controtendenze*. Milano: Ed. Domus Academy, 1990.

_____ . *Metatendenze*. Milano: Ed. Sperling & Kupfer Editori, 1996.

MORAES, Dijon De. *Análise do design brasileiro*: entre mimese e mestiçagem. São Paulo: Blucher, 2006.

_____ . *Metaprojeto*: o design do design. 7° Congresso Brasileiro de Pesquisa e Desenvolvimento em Design. Curitiba: Anais do P&D, 2006.

_____ . *Metaprojeto como modelo projetual*. I Fórum Internacional Rede Latina de Design. Porto Alegre: Unisinos. Anais do Fórum, 2009.

_____ . (org.). *Design e multiculturalismo*. Coleção Cadernos de Estudos Avançados em Design. Belo Horizonte: EdUEMG, 2008.

MORAES, Dijon De; CELASCHI, Flaviano; DESERTI, Alessandro et al. *Design culture*: from product to process. International Conference Changing the Change Proceedings. Torino: Allemandi Conference Press, 2008.

MORAES, Dijon De; FIGUEIREDO, Clarice. *Ethic and aesthetics in industrial production*: possible ways for the design in this new century. International Conference Changing the Change Proceedings. Torino: Allemandi Conference Press, 2008.

MORAES, Dijon De; KRUCKEN, Lia (org.). *Design e transversalidade*. Coleção Cadernos de Estudos Avançados em Design. Belo Horizonte: EdUEMG, 2008.

_____ . (org.). *Design e sustentabilidade I e II*. Coleção Cadernos de Estudos Avançados em Design. Belo Horizonte: EdUEMG, 2009.

MORIN, Edgard. *Introduzione al pensiero complesso*. Milan: Ed. Sperling & Kupfer, 1993.

MUNARI, Bruno. *Da cosa nasce cosa*. Bari: Ed. Laterza, 1981.

NEUFERT, Ernst. *Enciclopedia pratica per progettare e costruire*. Milano: Ed. Hoepli, 1999.

NORMAN, Donald A. *Emotional design*: perché amiamo (o odiamo) gli oggetti della vita quotidiana. Milano: Ed. Apogeo srl, 2004.

NORMANN, Richard. *Reframing business*: when the map changes the landscape. Baffins Lane, Chichester: Ed. John Wiley & Sons, 2001.

_____ . *Ridisegnare l'impresa*: quando il mappa cambia il paesaggio. Milano: Ed. Etas, 2003.

NORMANN, R.; RAMIREZ, R. *Le strategie interattive d'impresa*: dalla catena alla costellazione del valore. Milano: Ed. Etas Libri, 1995.

ONO, Maristela. *Design e cultura*: sintonia essencial. Curitiba: Edição da autora, 2006.

PENATI, Rafaella. "Design come motore di innovazione di sistema". In: BERTOLA, Paola; MANZINI, Ezio (org.). *Design multiverso*: appunti di fenomenologia del design. Milano: Edizione POLIdesign, 2004. p. 45.

PIZZOCARO, Silvia. Design e complessità. In: BERTOLA, Paola; MANZINI, Ezio (org.). *Design multiverso*: appunti di fenomenologia del design. Milano: Edizione POLIdesign, 2004, p.57.

PORTER, Michael. *Competitive advantage*. New York: The Free Press,1985.

RIBEIRO, Darcy. *O povo brasileiro*: a formação e o sentido do Brasil. Rio de Janeiro: Cia. das Letras, 1995.

SANTOS (2002) (Capítulo 5 – Parte 3)

SANTOS, Aguinaldo dos. "Níveis de maturidade do design sustentável na dimensão ambiental". In: MORAES, Dijon De; KRUCKEN, Lia (org.). *Design e sustentabilidade*. Coleção Cadernos de Estudos Avançados em Design. Belo Horizonte: EdUEMG, 2009. v. I. p. 13 - 26.

SIMON, Herbert. *Science of the artificial*. Cambridge, Mass.: MIT Press, 1969.

TEIXEIRA, Maria Bernadete; OLIVEIRA, Paulo Miranda. *Aplicação do metaprojeto no desenvolvimento de anéis com a utilização de gemas de baixo valor intrínseco*. Trabalho acadêmico - UEMG. Belo Horizonte, 2005.

TRIGUEIRO, André. *Mundo sustentável*: abrindo espaço na mídia para um planeta em transformação. São Paulo: Globo, 2005.

TROCCHIANESI, Raffaella. "I Segni del progetto". In: DENI, Michela; PRONI, Giampaolo (org.). *La semiotica e il progetto*: design, comunicazione, marketing. Milano: Ed. Franco Angeli, 2008. p.184, p.186.

VALLE, Luciano. *L'etica ambientale in prospettiva ecosofica*: tra percorsi storici e strategie attuali. Como/Pavia: Ed. Ibis, 2005.

VAN ONCK, Andries. *Metadesign*. Milano: Edilizia Moderna, n. 85, 1965. "Produto e Linguagem". Associação Brasileira de Desenho Industrial. Ano 1, 2° trimestre, n. 2, 1965.

VEZZOLI, Carlo. *System design for sustainability*: theory, methods and tools for a sustainable "satisfaction-system" design. Milano: Maggioli Editore, 2007.

VEZZOLI, Carlo; MANZINI, Ezio. *Design for environmental sustainability*. London: Patronised United Nation Decade Education for Sustainable Development. Springer (versão para o inglês de: *Design per la sostenibilità ambientale*. Bologna: Zanichelli Editore, 2007).

ZINGALE, Salvatore. "Le inferenze nel design". In: DENI, Michela; PRONI, Giampaolo (org.). *La semiotica e il progetto*: design, comunicazione, marketing. Milano: Ed. Franco Angeli, 2008. p. 62-65.

ZURLO, Francesco. "Design del Sistema Prodotto". In: BERTOLA, Paola; MANZINI, Ezio (org.). *Design multiverso*: appunti di fenomenologia del design. Milano: Edizione POLIdesign, 2004. p. 79, 132

WALKER, Stuart. "Desmascarando o objeto: reestruturando o design para a sustentabilidade". *Revista Design em Foco*, Salvador, v. II, n. 2, p. 47 – 62, jul./dez. 2005.

Acesso a websites:

The New Nike. Stanley HOLMES e Aaron BERNSTEIN. Disponível em: http://www.businessweek.com/magazine/content/04_38/b3900001_mz001.htm. Acesso em: 02 dez. 2006.

Nike Shox Cog iD. Disponível em: http://www.nike.com/nikeplus. Acesso em: 02 dez. 2006.